北 京 大 学 政 府 管 理 学 院 学 术 出 版 资 助

DETERRENCE, COERCION, AND BARGAINING

A RESEARCH BASED ON GAME THEORY

威慑、胁迫与谈判

基于博弈论的研究

刘 霖 ◎ 著

图书在版编目(CIP)数据

威慑、胁迫与谈判:基于博弈论的研究/刘霖著.—北京:北京大学出版社,2021.8

(未名社科论丛)

ISBN 978-7-301-32324-3

Ⅰ.①威… Ⅱ.①刘… Ⅲ.①博弈论—研究 Ⅳ.①O225

中国版本图书馆 CIP 数据核字(2021)第 138456 号

书　　名 威慑、胁迫与谈判:基于博弈论的研究
WEISHE、XIEPO YU TANPAN: JIYU BOYILUN DE YANJIU

著作责任者 刘　霖　著

责任编辑 王　颖　徐少燕

标准书号 ISBN 978-7-301-32324-3

出版发行 北京大学出版社

地　　址 北京市海淀区成府路 205 号　100871

网　　址 http://www.pup.cn

新浪微博 @北京大学出版社　@未名社科-北大图书

微信公众号 北京大学出版社　北大出版社社科图书

电子邮箱 编辑部 ss@pup.cn　总编室 zpup@pup.cn

电　　话 邮购部 010-62752015　发行部 010-62750672
编辑部 010-62753121

印 刷 者 天津中印联印务有限公司

经 销 者 新华书店

650 毫米×980 毫米　16 开本　14.5 印张　147 千字

2021 年 8 月第 1 版　2024 年 6 月第 2 次印刷

定　　价 46.00 元

目　录

引　言

事无大小，人无高低，均在竞争中生存。[1]

——大松博文

策略思维是战胜对手的艺术，但要牢记对手同样在算计你…… 策略思维也是找到合作途径的艺术，即使他人的行为仅仅出于自利而非仁慈。[2]

——阿维纳什·迪克西特

第一节　威慑、胁迫和谈判概述

一、问题的提出

人类社会的历史是一部冲突与合作的历史。一方面，资源是有限的，而人的欲望是无止境的，对资源和利益的争夺经久不衰；另一方面，人类文明又有赖于个体之间的合作，若没有

---

① 〔日〕大松博文：《“魔鬼”大松的自述》，刘敬、李惠春译，人民体育出版社1985年版，第35页。

② Avinash K. Dixit and Barry J. Nalebuff, *The Art of Strategy: A Game Theorist's Guide to Success in Business and Life*, New York: W. W. Norton & Company, Inc., 2008, Preface.

合作就不可能有文明的诞生和发展。

个体之间的利益关系纷繁复杂，其矛盾冲突也多种多样。为了维护或增进自身利益，个体会采取各种战略。在不同的矛盾冲突局势中，个体选择的战略也会有所不同，甚至大相径庭。威慑与胁迫是两种常见的战略。简单地说，当对手有动机打破现状而这却不符合己方利益时，个体会发出威胁以阻止对手的偏离行为，这就是威慑；当对手当前的行为不符合己方利益而对手却无意改变其行为时，个体会发出威胁以迫使对手改变行为，这就是胁迫。由此可见，威慑和胁迫都以威胁为手段来影响对手，但威慑着眼于维持现状，胁迫着眼于改变现状。

从历史上看，关于威慑的研究并没有严格区分威慑与胁迫，传统威慑理论涵盖了威慑和胁迫。[①] 本节对威慑研究的历史回顾涉及广义的威慑，包含威慑与胁迫。本书其余章节则明确区分了威慑与胁迫。

关于威慑的研究兴起于第二次世界大战结束之后，主要限于国际关系领域。安东尼·肯尼（Anthony Kenny）指出，“威慑是理解当代战略和外交的关键概念”[②]。

第二次世界大战结束至今，威慑研究的浪潮起起落落，综合

---

① 参见 Thomas C. Schelling, *Arms and Influence*, New Haven and London: Yale University Press, 2008, pp. 2–18。

② Anthony Kenny, *The Logic of Deterrence*, Chicago: University of Chicago Press, 1985, p. ix.

罗伯特·杰维斯（Robert Jervis）、杰弗里·克诺夫（Jeffrey W. Knopf）、阿米尔·卢波维奇（Amir Lupovici）等学者的观点，大体上可以划分为四波。

首先，罗伯特·杰维斯认为，在美国的国际关系研究领域，威慑理论是最具影响力的思想流派。[①] 他将威慑研究分为三波，并系统地梳理了相关研究成果。下面按照他的综述对这三波威慑研究加以简要介绍。

第一波威慑研究产生于第二次世界大战刚刚结束之际，伯纳德·布罗迪（Bernard Brodie）等学者迅速意识到原子弹的战略意义。威力巨大的原子弹终结了第二次世界大战，也深刻地影响了国际关系和世界格局。伯纳德·布罗迪认为，1945 年之后的世界从根本上不同于以往，“军备的主要目的在过去是赢得战争，而在此后则是避免战争”[②]。但第一波威慑研究产生的影响比较小。

第二波威慑研究出现在 20 世纪 50 年代末期，许多研究采用博弈论模型，尤其是“懦夫博弈”（Chicken Game），由此形成了所谓威慑理论。

---

① 参见 Robert Jervis, “Deterrence Theory Revisited,” *World Politics*, Vol. 31, No. 2, 1979, pp. 289-324。

② Bernard Brodie, ed., *The Absolute Weapon: Atomic Power and World Order*, New York: Harcourt Brace, 1946, p. 76, inferred from Frank C. Zagare and D. Marc Kilgour, *Perfect Deterrence*, Camdridge, UK: Cambridge University Press, 2000, p. 3.

表 0.1 通过简单的数值展示了懦夫博弈局势。[①]

表 0.1　懦夫博弈

		乙	
		退让	坚持
甲	退让	2，2	1，3
	坚持	3，1	0，0

在懦夫博弈中，每一方最希望出现的局面是自己坚持而对手退让；如果对手不退让，己方退让就优于坚持，当然，己方此时获得的收益不及双方都退让的情形。在这种博弈局势下，每一方都想让对手相信自己将坚持从而使得对手主动选择退让，哪怕仅仅是虚张声势。由此，一些著名的招数就很容易理解了，比如有意失去对内部强硬派的控制、假装愤怒或非理性、自断后路、切断联系等。罗伯特·杰维斯认为，这突出了威慑的“矛盾本质”——双方都希望通过威胁给对方造成不可接受的伤害而不是通过直接保护自己来获得安全。

在冷战时期，分别以美国和苏联为核心，形成了两大对立阵营；两大阵营之间尽管存在尖锐的矛盾和冲突，但并非零和博弈，双方在避免核战争方面存在共同的利益。可见，冷战时期的两极格局确实比较适于用懦夫博弈来刻画。

① 表中数值代表参与者获得的效用，同一个体在不同状态下的效用大小反映了他对于不同状态的偏好顺序。因此，如果同一个体在不同状态下的效用加上或减去任一常数，博弈局势在本质上没有任何变化。

第二波威慑研究的学者以托马斯·谢林（Thomas C. Schelling）为代表。第二波威慑研究产生的传统威慑理论影响广泛，却很少有人结合现实对它进行核实。至于这种现象背后的原因，罗伯特·杰维斯归纳了三点：博弈论分析框架的有力和优雅；威慑理论与现实主义之间的紧密联系；契合当时流行的国际政治主张。

第二波威慑研究借助博弈论模型来阐述威慑理论，简洁明了而又通俗易懂，当然也忽略了各种复杂的因素，比如参与者的动机、世界观及思维方式，妥协和奖励手段的运用等，因此也受到了许多人的批评。由于博弈论方法的根本特征是从理性出发进行逻辑推理，许多批评者认为威慑理论高估了决策者的理性而不符合现实。

传统威慑理论缺乏经验证据这一点在20世纪70年代受到了广泛的批评，随之产生了第三波威慑研究。第三波主要针对两国相互威慑的案例，使用统计和案例研究方法检验威慑理论，进而从多方面对传统威慑理论进行修正。在现实世界的国际关系中，政治家对待风险更为审慎，并不愿意如传统威慑理论所建议的那样通过激进地承担风险（比如限制自己的行动自由或故意让事态失控）来获得优势地位；面对挑战者，防御者并非一味威慑对手，通常恩威并施；决策者往往不能或不会如理性人那样基于概率思维对风险进行评估和计算。决策者的认知偏差、国内政治及官僚体系的角色等因素也在第三波威慑研究中得到了细致的探讨。此外，第三波威慑研究还认为，传统威慑理论缺乏对妥协的关注，而妥协正是政治的关键内容之一，实际上大多数冲突是以妥协告终的。

自杰维斯相关论文于 1979 年发表至 1991 年苏联解体，关于威慑的研究仍延续了第二波和第三波的主题，主要关注国家之间的威慑，尤其是两个超级大国相互威慑的问题。

后来，杰弗里·克诺夫定义了第四波威慑研究，并系统梳理了相关研究成果。[①] 下面按照他的综述简略介绍第四波威慑研究。

第四波威慑研究兴起于冷战结束之后，尤其是 2001 年 “9·11” 事件发生之后。在苏联解体之后，美国及其盟友与其识别出的威胁者相比，拥有巨大的军事优势。诉诸恐怖主义手段以及努力获取和使用大规模杀伤性武器，通常被描述为威胁者针对美国及其盟友拥有的压倒性军事优势的不对称反应。从另一个角度来讲，美国希望威慑其所谓“流氓国家”和恐怖组织，但不希望被后者威慑；也就是说，美国追求单向威慑，避免相互威慑。

因此，第四波威慑研究反映了一种转变，即从关注国家之间的相互威慑，转向更加关注所谓的不对称威慑。这种不对称威慑主要是美国针对所谓“流氓国家”和恐怖主义的威慑。相

① 参见 Jeffrey W. Knopf, “The Fourth Wave in Deterrence Research,” *Contemporary Security Policy*, Vol. 31, No. 1, 2010, pp. 1-33。

应地，第四波研究扩展了威慑的概念，不再限于国家之间以军事手段为基础的威慑，也包括网络威慑。使威慑问题更加复杂的因素在于，美国不仅希望阻止威胁者发动攻击，而且希望阻止他们获得核武器等大规模杀伤性武器，因为这些可以用来威慑美国，即使它们实际上并没有在攻击中使用。这些政策目标使“威慑者试图阻止什么”的问题更加突出。

阿米尔·卢波维奇也梳理了第四波威慑研究相关文献。他所界定的第四波范围与克诺夫所界定的有所不同。阿米尔·卢波维奇认为，在前三波威慑研究中，兼顾现实主义与核威慑，关于威慑的理论问题与实证问题被同时加以研究；第四波则不同，关于威慑的理论问题与实证问题被分开研究。在理论方面，新建构主义和解释性研究引人注目，尤其是针对国际关系和核威慑问题的；在实证方面，传统的威慑理论被用于分析针对恐怖主义、“流氓国家”的威慑以及种族冲突问题等。[①] 而克诺夫并没有将新建构主义和解释性研究划入第四波威慑研究。

弗兰克·扎加雷（Frank C. Zagare）和马克·基尔戈（D. Marc Kilgour）指出，传统威慑理论存在内在的逻辑矛盾。简言之，若双方进行懦夫博弈，代表现状的行动组合（退让，退让）是不可维持的，因为每一个理性的主体都有动机偏离现状，该

① 参见 Amir Lupovici，“The Emerging Fourth Wave of Deterrence Theory：Toward a New Research Agenda，” *International Studies Quarterly*，Vol. 54，No. 3，2010，pp. 705-732。

行动组合并不能构成纳什均衡。[1]

产生这种逻辑矛盾的原因在于，尽管传统威慑理论的出现晚于博弈论，但传统威慑理论的研究者往往没有接受过系统的博弈论训练，而且博弈论中“可信威胁”和“子博弈完美纳什均衡”[2] 等概念的出现晚于传统威慑理论。在第二波威慑研究中，研究者往往没有清晰地描述博弈规则（比如博弈是静态的还是动态的，博弈主体的行动次序及可选行动集合如何等）；与此同时，研究者也没有清晰地界定理性、理性共识，并让理性共识贯穿博弈分析过程的始终。这样一来，第二波威慑研究并非基于严谨的博弈论分析，随之产生的传统威慑理论在分析的逻辑性及结论的可靠性方面存在一定的问题。

弗兰克·扎加雷和马克·基尔戈严格采用非合作博弈论的方法分析威慑问题，从而克服了传统威慑理论的内在逻辑矛盾。他们不仅分析了单边直接威慑和相互直接威慑问题，而且分析了基于大规模报复及灵活反应的延伸威慑问题。[3] 他们提出的“完美威慑”（Perfect Deterrence）概念就是对应于子博弈完美纳什均衡的威慑策略。他们后来还进一步构造包含挑战

---

① 参见 Frank C. Zagare and D. Marc Kilgour, *Perfect Deterrence*, Cambridge, UK: Cambridge University Press, 2000, pp. 30-32。

② 所谓子博弈完美纳什均衡（Subgame-perfect Equilibrium），是指这样的策略组合：不仅是整个博弈的纳什均衡，而且在每个子博弈上也能构成纳什均衡。

③ 参见 Frank C. Zagare and D. Marc Kilgour, *Perfect Peterrence*, Cambridge, UK: Cambridge Unwersity Press, 2000, pp. 30-32。

者、防御者及被保护者（Protege）的三方博弈来研究延伸威慑问题，着重分析了被保护者的威胁对于挑战者行为选择的影响。[1] 安德鲁·基德（Andrew H. Kydd）和罗丝安妮·麦克马纳斯（Roseanne W. McManus）采用博弈论方法研究了威胁和保证在危机谈判中的作用，发现威胁的适用性远胜于保证。[2]

本书采用博弈论方法对威慑、胁迫与谈判问题进行理论研究。由于威慑和胁迫的目标不同，即前者着眼于维持现状，后者着眼于改变现状，而一般认为改变现状的难度大于维持现状，本书将威慑和胁迫分开进行研究。另外，鉴于大多数冲突都以妥协告终，各方如何妥协？这必然涉及谈判。因此，本书也研究了谈判问题。

二、利益关系的多样性

我们以两个主体的情形为例，考虑最简单的情形——每个主体仅有两种行动可选。可以利用双变量矩阵对其利益关系进行一般化的描述，如表 0.2 所示[3]：

---

① 参见 Frank C. Zagare and D. Marc Kilgour, "Alignment Patterns, Crisis Bargaining, and Extended Deterrence: A Game-Theoretic Analysis," *International Studies Quarterly*, Vol. 47, No. 4, 2003, pp. 587-615。

② 参见 Andrew H. Kydd and Roseanne W. McManus, "Threats and Assurances in Crisis Bargaining," *Journal of Conflict Resolution*, Vol. 61, No. 2, 2017, pp. 325-348。

③ 每个单元格对应于各参与者的一个特定行动组合。在每个单元格中，从左边起的第一个数值表示行参与者（甲）的收益，第二个数值表示列参与者（乙）的收益。值得指出的是，我们这里仅仅以这种矩阵形式表示双方在各种行动组合下的收益，并不要求双方同时行动。

表 0.2　两个主体之间的利益关系

		乙	
		G	H
甲	E	a_{11}，b_{11}	a_{12}，b_{12}
	F	a_{21}，b_{21}	a_{22}，b_{22}

双方之间的具体利益关系取决于表中代表利益的参数的具体取值。

先看一种最简单的情形，如表 0.3 所示：

表 0.3　不存在矛盾的利益关系

		乙	
		G	H
甲	E	2，2	1，1
	F	1，1	0，0

显然，甲、乙双方的行动组合（E，G）不仅符合双方的共同利益（符合集体理性），而且行动 E 和 G 也是各自的理性选择（符合个体理性）。[①] 在这种情况下，双方不存在利益冲突。如果现状就是（E，G），显然会得到维持。

接着看另一种情形，如表 0.4 所示：

① 如果双方能够签署有约束力的协议，双方确实愿意就某一状态签署协议，我们就称该状态符合集体理性。所谓个体理性，是指在不能签署有约束力协议的情况下，个体从自身利益出发愿意做出的选择。

表 0.4 囚徒困境类利益关系

		乙	
		G	H
甲	E	1，1	3，0
	F	0，3	2，2

在这种情形下，甲、乙双方的行动组合（F，H）符合双方的共同利益（符合集体理性）。但是，行动 F 和 H 却不是各自的理性选择（违背个体理性），因为无论对方选择什么行动，甲的最优选择是 E，乙的最优选择是 G。如果现状是（E，G），即使给双方一次调整行动的机会，双方也不会做出改变，因而难以出现（F，H）这一符合集体理性的结果。这正是典型的“囚徒困境”问题。

从表 0.4 可以看出，当现状是（E，G）时，若能胁迫乙选择 H，甲就可以提高自己的收益；类似地，若能胁迫甲选 F，乙也可以提高自己的收益；如果双方能够有效地相互胁迫，符合集体理性的行动组合（F，H）就能够出现。从另外一个角度来看，当现状是（F，H）时，甲、乙各自都有动机单方面偏离现状；如果双方能够有效地相互威慑，满足集体理性的现状就能够维持。①

再考察表 0.1 所示懦夫博弈的利益关系。甲偏好行动组合

① 在重复博弈中，参与者基于相互惩罚的威胁可以实现集体理性的结果，这正是各种版本的无名氏定理所断言的结论。

（坚持，退让），而乙偏好行动组合（退让，坚持）。如果双方都选择“坚持”，则会导致两败俱伤的结果（坚持，坚持），各自只能获得零收益。

从表 0.1 可以看出，当现状是（退让，退让）时，甲有动机单方面偏离“退让”而选“坚持”，因此乙有动机威慑甲；与此同时，乙也有动机单方面偏离“退让”而选“坚持”，因此甲也有动机威慑乙。如果双方能够有效地相互威慑，代表相互妥协的现状就可以维持。

三、威慑与胁迫的普遍性

在表 0.2 中，共有四种可能的行动组合，假设现状是行动组合（E，G），那么，可以存在多少种不同的利益格局呢？[①] 这取决于每个参与者对于不同状态的偏好顺序。为了简化，不妨假定每个参与者对于四种状态都有严格的偏好顺序，那么，甲、乙各自就有 24（即 4!）种偏好顺序，双方的偏好组合就有 576（即 4!·4!）种，即 576 种不同的利益格局。

首先考虑双方能够有效协调的利益格局：

如果在某一状态下，双方都能获得最高收益，双方显然能够协调到这种最优状态，表 0.3 就是一例。这样的利益格局共有 144（即 4·3!·3!）种。

---

① 我们将各个体对于不同结果（行动组合）的偏好顺序构成的组合称为利益格局。

接下来，考虑双方不能有效协调的利益格局。我们分情况讨论。

（1）当 $a_{11}=\max\{a_{11}, a_{12}, a_{21}, a_{22}\}$ 时，

此时又可分为108种情况。

若 $b_{11}=\min\{b_{11}, b_{12}, b_{21}, b_{22}\}$，那么，乙有动机偏离 G 而选 H，因而甲有动机威慑乙；乙也有动机胁迫甲改选 F。这类情形共有36（即3!·3!）种。

若 $b_{21}=\min\{b_{11}, b_{12}, b_{21}, b_{22}\}$，$b_{11}$ 次小，那么，乙有动机偏离 G 而选 H，因而甲有动机威慑乙。这类情形共有12（即3!·2!）种。

若 $b_{12}=\min\{b_{11}, b_{12}, b_{21}, b_{22}\}$，$b_{11}$ 次小，那么，乙有动机胁迫甲改选 F。这类情形共有12（即3!·2!）种。

若 $b_{22}=\min\{b_{11}, b_{12}, b_{21}, b_{22}\}$，$b_{11}$ 次小，那么，乙有动机偏离 G 而选 H，因而甲有动机威慑乙；乙也有动机胁迫甲改选 F。这类情形共有12（即3!·2!）种。

若 $b_{21}=\max\{b_{11}, b_{12}, b_{21}, b_{22}\}$，$b_{11}$ 次大，那么，乙有动机胁迫甲改选 F。这类情形共有12（即3!·2!）种。

若 $b_{12}=\max\{b_{11}, b_{12}, b_{21}, b_{22}\}$，$b_{11}$ 次大，那么，乙有动机偏离 G 而选 H，因而甲有动机威慑乙。这类情形共有12（即3!·2!）种。

若 $b_{22}=\max\{b_{11}, b_{12}, b_{21}, b_{22}\}$，$b_{11}$ 次大，此时双方都没有动机偏离现状，也没有动机胁迫对方，从而达到一种稳定状

态。这类情形共有 12（即 3!·2!）种。

（2）当 $a_{21}=\max\{a_{11}, a_{12}, a_{21}, a_{22}\}$，且 a_{11} 次大时，

此时又可分为 36 种情况。

若 $b_{11}=\max\{b_{11}, b_{12}, b_{21}, b_{22}\}$，那么，甲有动机偏离 E 而选 F，因而乙有动机威慑甲。这类情形共有 12（即 2!·3!）种。

若 $b_{12}=\max\{b_{11}, b_{12}, b_{21}, b_{22}\}$，那么，乙有动机偏离 G 而选 H，因而甲有动机威慑乙。这类情形共有 12（即 2!·3!）种。

若 $b_{22}=\max\{b_{11}, b_{12}, b_{21}, b_{22}\}$，$b_{11}$ 次大，那么，甲有动机偏离 E 而选 F，因而乙有动机威慑甲。这类情形共有 4（即 2!·2!）种。

若 $b_{22}=\max\{b_{11}, b_{12}, b_{21}, b_{22}\}$，$b_{12}>b_{11}>b_{21}$，那么，乙有动机偏离 G 而选 H，因而甲有动机威慑乙。这类情形共有2（即 2!·1）种。

若 $b_{22}=\max\{b_{11}, b_{12}, b_{21}, b_{22}\}$，$b_{21}>b_{11}>b_{12}$，那么，甲有动机偏离 E 而选 F，而这也符合乙的利益。这类情形共有2（即 2!·1）种。

若 $b_{22}=\max\{b_{11}, b_{12}, b_{21}, b_{22}\}$，$b_{12}>b_{21}>b_{11}$，那么，乙有动机偏离 G 而选 H，因而甲有动机威慑乙。这类情形共有 2（即 2!·1）种。

若 $b_{22}=\max\{b_{11}, b_{12}, b_{21}, b_{22}\}$，$b_{21}>b_{12}>b_{11}$，那么，甲有动机偏离 E 而选 F，而这也符合乙的利益。这类情形共有 2（即 2!·1）种。

(3) 当 $a_{21}=\max\{a_{11}, a_{12}, a_{21}, a_{22}\}$，且 a_{12} 次大时，此时又可分为 36 种情况。

若 $b_{11}=\max\{b_{11}, b_{12}, b_{21}, b_{22}\}$，那么，甲有动机偏离 E 而选 F，因而乙有动机威慑甲。这类情形共有 12（即 2!·3!）种。

若 $b_{12}=\max\{b_{11}, b_{12}, b_{21}, b_{22}\}$，$b_{11}$ 次大，那么，甲有动机偏离 E 而选 F，因而乙有动机威慑甲。这类情形共有 4（即 2!·2!）种。

若 $b_{12}=\max\{b_{11}, b_{12}, b_{21}, b_{22}\}$，$b_{21}$ 次大，那么，(F，G) 和（E，H）都是稳定状态，但甲更偏好（F，G），而乙更偏好（E，H）。这类情形共有 4（即 2!·2!）种。

若 $b_{12}=\max\{b_{11}, b_{12}, b_{21}, b_{22}\}$，$b_{22}>b_{11}>b_{21}$，那么，甲有动机偏离 E 而选 F，因而乙有动机威慑甲。这类情形共有 2（即 2!·1）种。

若 $b_{12}=\max\{b_{11}, b_{12}, b_{21}, b_{22}\}$，$b_{22}>b_{21}>b_{11}$，那么，（$F$，$G$）和（$E$，$H$）都是稳定状态，但甲更偏好（$F$，$G$），而乙更偏好（$E$，$H$）。这类情形共有 2（即 2!·1）种。

若 $b_{22}=\max\{b_{11}, b_{12}, b_{21}, b_{22}\}$，$b_{11}$ 次大，那么，甲有动机偏离 E 而选 F，因而乙有动机威慑甲。这类情形共有 4（即 2!·2!）种。

若 $b_{22}=\max\{b_{11}, b_{12}, b_{21}, b_{22}\}$，$b_{12}>b_{11}>b_{21}$，那么，甲有动机偏离 E 而选 F，因而乙有动机威慑甲。这类情形共有 2（即 2!·1）种。

若 $b_{22} = \max\{b_{11}, b_{12}, b_{21}, b_{22}\}$，$b_{21} > b_{11} > b_{12}$，那么，甲有动机偏离 E 而选 F，而这也符合乙的利益。这类情形共有 2（即 2!·1）种。

若 $b_{22} = \max\{b_{11}, b_{12}, b_{21}, b_{22}\}$，$b_{12} > b_{21} > b_{11}$，那么，（$F$，$G$）和（$E$，$H$）都帕累托优于（$E$，$G$），但甲更偏好（$F$，$G$），而乙更偏好（$E$，$H$）。这类情形共有 2（即 2!·1）种。

若 $b_{22} = \max\{b_{11}, b_{12}, b_{21}, b_{22}\}$，$b_{21} > b_{12} > b_{11}$，那么，甲有动机偏离 E 而选 F，而这也符合乙的利益。这类情形共有 2（即 2!·1）种。

（4）当 $a_{21} = \max\{a_{11}, a_{12}, a_{21}, a_{22}\}$，且 a_{22} 次大时，

此时又可分为 36 种情况。

若 $b_{11} = \max\{b_{11}, b_{12}, b_{21}, b_{22}\}$，那么，甲有动机偏离 E 而选 F，因而乙有动机威慑甲。这类情形共有 12（即 2!·3!）种。

若 $b_{12} = \max\{b_{11}, b_{12}, b_{21}, b_{22}\}$，$b_{11}$ 次大，那么，甲有动机偏离 E 而选 F，因而乙有动机威慑甲。这类情形共有 4（即 2!·2!）种。

若 $b_{12} = \max\{b_{11}, b_{12}, b_{21}, b_{22}\}$，$b_{21}$ 次大，$a_{11} > a_{12}$，那么，乙有动机偏离 G 而选 H，因而甲有动机威慑乙。这类情形共有 2（即 1·2!）种。

若 $b_{12} = \max\{b_{11}, b_{12}, b_{21}, b_{22}\}$，$b_{21}$ 次大，$a_{12} > a_{11}$，那么，（F，G）和（E，H）都帕累托优于（E，G），但甲更偏好（F，G），而乙更偏好（E，H）。这类情形共有 2（即 1·2!）种。

若 $b_{12}=\max\{b_{11}, b_{12}, b_{21}, b_{22}\}$，$b_{22}$ 次大，$a_{11}>a_{12}$，那么，乙有动机偏离 G 而选 H，因而甲有动机威慑乙。这类情形共有 2（即 1·2!）种。

若 $b_{12}=\max\{b_{11}, b_{12}, b_{21}, b_{22}\}$，$b_{22}>b_{11}>b_{21}$，$a_{12}>a_{11}$，那么，甲有动机偏离 E 而选 F，因而乙有动机威慑甲。这类情形只有 1 种。

若 $b_{12}=\max\{b_{11}, b_{12}, b_{21}, b_{22}\}$，$b_{22}>b_{21}>b_{11}$，$a_{12}>a_{11}$，那么，$(F, G)$ 和 (E, H) 都帕累托优于 (E, G)，但甲更偏好 (F, G)，而乙更偏好 (E, H)。这类情形只有 1 种。

若 $b_{22}=\max\{b_{11}, b_{12}, b_{21}, b_{22}\}$，$b_{11}$ 次大，那么，甲有动机偏离 E 而选 F，因而乙有动机威慑甲。这类情形共有 4（即 2!·2!）种。

若 $b_{22}=\max\{b_{11}, b_{12}, b_{21}, b_{22}\}$，$b_{21}>b_{11}>b_{12}$，那么，甲有动机偏离 E 而选 F，这也符合乙的利益。这类情形共有 2（即 2!·1）种。

若 $b_{22}=\max\{b_{11}, b_{12}, b_{21}, b_{22}\}$，$b_{12}>b_{11}>b_{21}$，那么，甲有动机偏离 E 而选 F，因而乙有动机威慑甲。这类情形共有 2（即 2!·1）种。

若 $b_{22}=\max\{b_{11}, b_{12}, b_{21}, b_{22}\}$，$b_{21}>b_{12}>b_{11}$，那么，甲有动机偏离 E 而选 F，这也符合乙的利益。这类情形共有 2（即 2!·1）种。

若 $b_{22}=\max\{b_{11}, b_{12}, b_{21}, b_{22}\}$，$b_{12}>b_{21}>b_{11}$，$a_{11}>$

a_{12}，那么，乙有动机偏离 G 而选 H，因而甲有动机威慑乙。这类情形只有 1 种。

若 $b_{22}=\max\{b_{11}, b_{12}, b_{21}, b_{22}\}$，$b_{12}>b_{21}>b_{11}$，$a_{12}>a_{11}$，那么，$(F, G)$ 和 (E, H) 都帕累托优于 (E, G)，但甲更偏好 (F, G)，而乙更偏好 (E, H)。这类情形只有 1 种。

（5）当 $a_{22}=\max\{a_{11}, a_{12}, a_{21}, a_{22}\}$，且 a_{11} 次大时，

此时又可分为 36 种情况。

若 $b_{11}=\max\{b_{11}, b_{12}, b_{21}, b_{22}\}$，那么，双方都没有动机偏离现状 (E, G)。这类情形共有 12（即 2!·3!）种。

若 $b_{21}=\max\{b_{11}, b_{12}, b_{21}, b_{22}\}$，那么，乙有动机胁迫甲改选 F。这类情形共有 12（即 2!·3!）种。

若 $b_{12}=\max\{b_{11}, b_{12}, b_{21}, b_{22}\}$，那么，乙有动机偏离 G 而选 H，因而甲有动机威慑乙。这类情形共有 12（即 2!·3!）种。

（6）当 $a_{22}=\max\{a_{11}, a_{12}, a_{21}, a_{22}\}$，且 a_{12} 次大时，

此时又可分为 36 种情况。

若 $b_{11}=\max\{b_{11}, b_{12}, b_{21}, b_{22}\}$，那么，甲有动机胁迫乙改选 H。这类情形共有 12（即 2!·3!）种。

若 $b_{12}=\max\{b_{11}, b_{12}, b_{21}, b_{22}\}$，那么，乙有动机偏离 G 而选 H，这符合甲的利益。这类情形共有 12（即 2!·3!）种。

若 $b_{21}=\max\{b_{11}, b_{12}, b_{21}, b_{22}\}$，$a_{21}>a_{11}$，那么，甲有动机偏离 E 而选 F，这符合乙的利益。这类情形共有 6（即 1·3!）种。

若 $b_{21}=\max\{b_{11}, b_{12}, b_{21}, b_{22}\}$，$a_{11}>a_{21}$，那么，乙有动机胁迫甲改选 F。这类情形共有 6（即 1 · 3!）种。

（7）当 $a_{22}=\max\{a_{11}, a_{12}, a_{21}, a_{22}\}$，且 a_{21} 次大时，

此时又可分为 36 种情况。

若 $b_{11}=\max\{b_{11}, b_{12}, b_{21}, b_{22}\}$，那么，甲有动机偏离 E 而选 F，因而乙有动机威慑甲。这类情形共有 12（即 2! · 3!）种。

若 $b_{21}=\max\{b_{11}, b_{12}, b_{21}, b_{22}\}$，那么，甲有动机偏离 E 而选 F，这符合乙的利益。这类情形共有 12（即 2! · 3!）种。

若 $b_{12}=\max\{b_{11}, b_{12}, b_{21}, b_{22}\}$，$a_{11}>a_{12}$，那么，乙有动机偏离 G 而选 H，因而甲有动机威慑乙。这类情形共有 6（即 1 · 3!）种。

若 $b_{12}=\max\{b_{11}, b_{12}, b_{21}, b_{22}\}$，$a_{12}>a_{11}$，那么，乙有动机偏离 G 而选 H，这符合甲的利益。这类情形共有 6（即 1 · 3!）种。

（8）当 $a_{12}=\max\{a_{11}, a_{12}, a_{21}, a_{22}\}$ 时，

此时又可分为 108 种情况。

可以类似于 $a_{21}=\max\{a_{11}, a_{12}, a_{21}, a_{22}\}$ 进行讨论。在 108 种情况中，有 84 种情况牵涉威慑或胁迫。

综上所述，在有两个参与者且每个参与者有两个行动选项的利益关系中，一共存在 576 种利益格局。排除双方最大化利益完全一致的 144 种利益格局之后，还有 432 种不同的利益格局。在这 432 种利益格局中，有 324 种利益格局牵涉威慑或胁迫，占 75%；只有 108 种利益格局可以基于参与者的自愿协调

而实现帕累托改进，占25%。不过，在这108种利益格局中，仍然存在这样的情况——在双方自愿协调实现帕累托改进后，出现一方威慑或胁迫另一方的情形。

四、威慑、胁迫与谈判

我们已经看到，威慑和胁迫是两种普遍的战略；两者都以威胁为手段，但威慑战略着眼于维持现状，胁迫战略则着眼于改变现状。

与威慑和胁迫密切相关的一个问题是谈判。只有参与者之间存在合作共赢的空间时，参与者才有谈判的动力；或者换一种说法，当谈判破裂的结果不符合参与者的利益时，参与者就有谈判的压力。从本质上讲，谈判是参与者之间的相互胁迫，胁迫的手段仍然是威胁，即以谈判破裂相要胁。当参与者存在多种威胁手段可以选择时，参与者的威胁手段的不同组合就导致不同的谈判破裂结果，后者又进一步影响参与者可能达成何种利益分配协议。所以，谈判虽然属于一种相互胁迫，但谈判问题远比威慑问题和胁迫问题复杂。

在国际关系领域，威慑与胁迫战略司空见惯。各国的国家利益不仅取决于本国，还取决于他国。若维持现状符合本国利益，就应当致力于维持现状；若维持现状不符合本国利益，就设法改变现状。改变现状又有两种不同方式：主动采取单边行动改变现状，或者胁迫对手采取对己有利的行动。问题在于，各国的利益通常是不一致的。若本国意欲维持现状但对手试图改变现状，如何慑止对手？若对手意欲维持现状但本国试图改变现状，无论以何种方式改变现状，都会影响对手的利益。对手可能采取行动反制本国的单边行动，也可能抵制本国的胁迫。由此可见，除非双方的利益一致，无论是维持现状以维护本国利益，还是改变现状以增进本国利益，都绝非轻而易举之事。

美国政府于2020年5月发布了一份长达16页的《美国对中国战略方针》。在这份文件中，美国政府指责中国正在试图重塑有利于自己的国际秩序，并声称这损害了美国的利益；美国政府重申其两大战略目标之一就是“迫使中国停止或减少损害美国利益的行为”。[①] 从这份文件看，尽管也包含威慑成分，美国的战略意图更大程度上具有胁迫性质，即胁迫中国政府采取更符合美国利益的政策和行为。在当前中美关系紧张，世界正处于“百年未有之大变局”的历史时期[②]，对威慑、胁迫和谈判问题进行研究具有重大的现实意义。

---

① “United States Strategic Approach to the People's Republic of China”, May 26, 2020, https: //trumpwhitehouse. archives. gov/articles/united-states-strategic-approach-to-the-peoples-republic-of-china/, 2021年4月2日访问。

② 习近平总书记2017年12月28日接见年度驻外使节工作会议与会使节并发表重要讲话，首次提出了世界面临“百年未有之大变局”的重大论断。参见《习近平接见2017年度驻外使节工作会议与会使节并发表重要讲话》，2017年12月28日，央视网，http: //news. cctv. com/2017/12/28/ARTIcjxJEmyTksv6ZA8qIZ9x171228. shtml, 2021年2月19日访问。

威慑和胁迫这两种战略的作用机制是什么？如何分析威慑战略和胁迫战略？如何运用威慑战略和胁迫战略？这些问题不仅存在于国际关系领域，也广泛存在于其他领域。威慑、胁迫也是微观主体常常采用的基本战略，微观主体之间的谈判现象更加司空见惯。在现实生活中，个体之间利益交织，行为互相影响，甚至还有权力因素作用于其间。威慑、胁迫和谈判与个体之间的互动和竞争紧密相连。由此可见，对于威慑、胁迫和谈判问题的研究具有普遍的理论价值。

本书主要以博弈论为工具，研究独立主体互动决策中的威慑与胁迫战略，并对谈判问题进行系统的梳理和深入的分析。考虑到现实世界中博弈的复杂性，本书还通过博弈实验来考察个体动机、思维、行为选择以及集体决策。

在研究过程中，作者既选取其他文献中的典型问题作为范例进行分析和评价，也构思了若干独特的博弈模型作为范例加以分析。这样不仅有助于清晰阐述本书的理论思想，而且能够启发读者对于相关现实问题的思考和认识。

第二节　研究方法、思路与创新

一、研究方法

当个体之间存在利益矛盾和冲突的时候，每一方的利益都不能仅靠自己单方面的行动来决定，各方的行动组合共同决定了每一方的利益得失。个体应当如何思考局势，如何决策？这就是所谓多主体交互决策问题，正是博弈论的研究对象。[①] 本书着重采用博弈论的分析方法来研究主体之间的威慑、胁迫与谈判问题。

作为应用数学的一个分支，博弈论可以借助严密的数学语言进行表述。因此，博弈论中的相关概念和思想是非常清晰、准确的。另一方面，博弈论模型具有若干明确的假定，尤其是关于参与者具有“理性共识”的假定和博弈结构是参与者的“共同知识”的假定，博弈论的分析过程及其结论以这些假定为前提。[②] 因此，运用博弈论方法来研究主体之间的威慑、胁迫、谈判等问题，得到的结论也以这些假定为前提。在现实世界中，有些假定并不成立，此时可以进一步探讨主体的决策和行为将如何改变，结论会受到何种影响。

经典的非合作博弈论从理性共识出发来研究参与者之间的策略交互，寻找各参与者策略互为最优反应的均衡状态，即所谓纳什均衡。[③]

---

① 在本书中，行为体、主体、个体、参与者等名词表达的意思相同，本书不加区分，交替使用。

② 所谓共同知识，是指“所有人都知道，所有人都知道所有人知道，所有人都知道所有人知道所有人知道…… 如此这般以至无穷”。所谓理性共识，即指“所有参与者都是理性的”这一信息是所有参与者的共同知识。

③ 在本书中，“战略”和“策略”尽管都译自英语单词“strategy”，但这两个词的含义存在差异。我们将“策略”这一名词限用于博弈论分析，它是指个体针对博弈问题制订的一个完备行动计划。当我们使用“战略”这个名词时，其含义更加宽泛，它可以指一个完备的行动计划，也可以指一个并不完备的行动计划，甚至有时还指一个比较笼统的路线方针。

在经济学中，著名的“经济人”假定是依据个体的目标来界定的，即假定个体追求效用（通常以经济利益代表）最大化，并假定个体具备“工具理性”。所谓工具理性是指，给定自己的目标以及对于所处状态的信念，参与者有能力选择最优行动来实现其目标，即选择最大化期望效用的行动。个体不同，其追求的目标可能也不同。个体追求的目标是否合理？对这一问题的回答取决于每个人的价值判断，因而受到个人价值观的影响。发动自杀式恐怖袭击的恐怖分子是否理性？绝大多数正常人持否定看法，但恐怖分子及恐怖组织的回答却是肯定的，因为后者持有不同的价值观。

在博弈论中，所谓的理性是依据个体的思维能力来界定的，而非依据个体所追求的目标是否合理。个体追求的目标由个体自己设定，博弈论专家并不评价个体的目标是否合理。比如，在打击恐怖主义的博弈问题中，恐怖分子是博弈的参与者，如果恐怖分子追求的目标是不计代价地对社会造成最大的伤害，博弈论专家就依此设定恐怖分子的目标。[①]

在许多博弈中，当事者掌握的信息往往是不充分的。此时，个体在做出决策前需要从自己掌握的信息出发来判断自己当前所处的可能状态。比如，一位男士暗恋一位女士，他是否应该向对方明确表白心意呢？如果这位女士也喜欢他，那么

① 注意，这并不意味着博弈论专家本人就赞同恐怖分子的目标。

“表白”就是一个最优选择；如果这位女士并不喜欢他，那么一旦表白就会遭遇尴尬，此时“表白”就不是一个好的选择。可是，这位男士并不清楚这位女士是否喜欢自己。也就是说，这位男士掌握的信息是不充分的；更准确地说，就这位女士是否喜欢这位男士这一点而言，他们掌握的信息是不对称的。[①]假设这位男士的先验信念是对方喜欢自己的概率为0.5。某一天，男士偶遇这位女士并向对方问好时，对方微笑回应。此时，这位男士仍然不清楚自己所处的状态——对方到底是否喜欢自己，但他很可能（也有必要）根据这一信息来修正自己的相关信念。如何根据新的信息来修正信念呢？博弈论要求采用概率论中的贝叶斯法则。在博弈论中，如果个体能够利用新的信息借助贝叶斯法则修正信念，我们就称该个体具有“认知理性”。

当参与者兼具认知理性和工具理性时，我们才说该参与者是理性的。[②]

当一个博弈存在多个纳什均衡时，博弈论专家或者对于参与者的理性增添进一步的要求，或者对均衡的性质提出更高的要求，以此对纳什均衡进行筛选。

经典博弈论包括非合作博弈论和合作博弈论，两者的差异

---

① 我们这里默认该女士当然知道自己是否喜欢对方。如果她自己也说不清楚自己是否喜欢对方，这表明她连自己的偏好也不清楚，那就与理性相去甚远了。

② 从认知理性的定义可以看出，参与者的理性并不以参与者掌握充分信息为前提。有些文献对此存在误解。

在于对参与者所达成的协议是否具有强制性所做的假定不同。无论是在非合作博弈论还是在合作博弈论中，参与者都可以签订合作协议。非合作博弈论假定参与者所签订的协议对各方没有强制力；换言之，若有任何参与者不遵守协议，不存在独立于博弈之外的第三方（如警察、法院等国家机器或超国家机构）强制其遵守协议。这样一来，在非合作博弈论中参与者达成的协议只具有“君子协议”的性质，各方是否会遵守协议完全取决于其从自身利益出发的权衡。与此相反，合作博弈论假定参与者达成的协议具有强制力，任何一方若不遵守协议就会遭受外部第三方的严厉惩罚。

由于就协议是否具有强制性所做的假定不同，非合作博弈论与合作博弈论在关注焦点和研究方法上大相径庭。就非合作博弈论而言，研究者关注的焦点是参与者的策略选择及均衡状态；就合作博弈论而言，研究者设想参与者一定会从共同利益出发，合作选择最优状态，研究者关注的焦点在于参与者的结盟（当存在两个以上参与者时）和利益分配协议。

在现实世界中，非合作博弈论与合作博弈论都有用武之地。比如，在国际体系中，国家是基本的行为主体；尽管主权国家可以签订各种各样的条约、协议，但由于不存在超越国家的权力机构，这些条约、协议在本质上仍然只是“君子协议”。所以，主权国家之间的博弈问题适用非合作博弈论。在一个主权国家内部，宪法、法律具有强制力，微观主体在受到法律保护的领域达成的协议具有强制力，适用合作博弈论。[①]

除了经典博弈论之外，演化博弈论与行为博弈论也属于博弈论范畴。演化博弈论是由生物学家首先发展起来的。演化博弈论完全放弃了理性的假定，通过遗传-变异机制和优胜劣汰过程来研究个体类型（有时也称策略）的演化过程及其稳定性。行为博弈论则由伴随经典博弈论出现的博弈实验发展而来，着重研究人在博弈中的实际行为，并试图探索隐藏在个体行为背后的一般规律或模式。

本书第二、三、四章的研究主要基于经典非合作博弈论，其中，第四章的纳什谈判理论融合了非合作博弈论与合作博弈论。第一章与第五章的研究则基于行为博弈，其中，第五章还涉及演化博弈论。

二、研究思路

在采用博弈论的方法来研究问题时，首先需要构建清晰的博弈模型。[②]

博弈模型包括五个要素：参与者、参与者行动的先后顺序、参与者在行动时掌握的信息、参与者可以选择的行动集合

---

① 当参与者达成的协议不受法律保护或协议本身违法，比如毒品买卖、分赃，或者协议虽受法律保护但不可验证，比如当事双方的口头协议，或者有法不依、执法成本过高时，参与者仍宜从非合作博弈论的视角来考虑问题。

② 在下文中，若非明言合作博弈论、演化博弈论或行为博弈论，所谓博弈论都指经典非合作博弈论。

以及收益函数。所谓收益函数是指，给定各参与者选择的具体行动之组合，说明每个参与者获得的收益（效用）是多少。[①]

如果每个参与者的收益函数都是所有参与者的共同知识，这样的博弈被称为完全信息博弈，否则就是不完全信息博弈。

如前文所述，在博弈论中，研究者并不对参与者追求的目标做任何价值判断。不同的参与者追求的目标可能大相径庭。有些参与者可能具有典型的“经济人”特征，追求自身利益最大化；有些参与者可能很在意公平，宁可牺牲一部分利益也不接受不公平的结果；甚至有些参与者具有零和思维[②]，希望自己的收益超过对手越多越好，哪怕自己的收益很低，只要对手的收益更低就行。有些参与者可能只追求经济利益；有些参与者可能在乎权力。同一个参与者在不同的环境下也可能追求不同的目标。

鉴于动机是行为背后的根本决定因素，我们首先分析利益、权力及个体行为的动因，并设计博弈实验来展开研究，这些内容构成本书的第一章。

在第二章，我们探究威慑的原理、有效威慑的条件、不完

---

① 为简洁起见，我们目前暂不区分收益函数和效用函数。严格地讲，参与者追求效用最大化，参与者的效用函数而非收益函数才是博弈的要素。本书第四章的纳什谈判理论部分将区分收益函数与效用函数。

② 在零和博弈中，任何博弈结果所对应的各参与者收益之和为零，一人之所得必为他人之所失。类似地，可以定义常和博弈，它与零和博弈在本质上是等价的。即使某一博弈并非零和博弈，如果其中有参与者把对方之所得视为己方之所失，把对方之所失视为己方之所得，我们就说该参与者具有零和思维。

全信息下的威慑、声誉与威慑、相互威慑。

在第三章，我们分析胁迫的原理、有效胁迫的条件、不完全信息下的胁迫、不确定情形下的胁迫，并运用博弈论方法研究美国对华胁迫问题。

在第四章，我们系统研究谈判问题，涵盖从纳什谈判到轮流出价的谈判，从具有外生威胁的谈判到具有可变威胁的谈判，从具有可承诺威胁的谈判到具有不可承诺威胁的谈判等一系列谈判博弈模型。

第二章至第四章的研究都建立在理想化的博弈模型设定基础上，采用经典博弈论的研究方法。

在现实世界中，这些理想化的条件往往并不能得到满足。比如，超级大国的利益在很大程度上是以霸权来界定的，霸权不仅能用来实现利益，而且本身就是利益之所在。正所谓“一山不容二虎”，霸权通常与零和思维相伴。零和思维会大大压缩参与者的合作空间，甚至使共同利益荡然无存。第五章从现实世界的角度探讨了博弈的复杂性，主要涉及相互依赖关系和策略思维的复杂性、集体决策中的路径依赖现象、权力与零和思维之间的关系、理性和非理性的复杂性等问题。

第五章主要采用行为博弈论中通行的博弈实验方法，同时辅以演化博弈论的分析方法。

三、研究创新

本书篇幅不长，但涵盖的内容比较丰富，研究方法涉及经典博弈论、行为博弈论和演化博弈论，主要创新之处大致有以下几个方面：

第一，通过引入马尔科夫过程，将具有流量利益的标准轮流出价谈判模型推广到无固定顺序出价的一般模型，并求出了均衡解。对于围绕流量利益且具有可承诺的可变威胁的轮流出价谈判模型，本书也求出了均衡解。

第二，在有关不确定情形下的胁迫问题的研究中，我们发现，2005 年诺贝尔经济学奖获得者托马斯·谢林提出的“边缘政策”违背理性共识，存在逻辑错误，这种政策是无效而危险的。

第三，构建了一个博弈模型来分析美国对华胁迫问题，发现不完全信息会增加战争风险。

第四，从博弈论的角度提出了威慑和胁迫的原理，以及有效威慑和有效胁迫的条件。

第五，通过博弈实验的研究发现，权力的内在价值存在于个体动机之中，并会破坏个体之间的合作；权力与零和思维密切相关；个体头脑中“虚幻的合作解”会影响个体的行为选择，进而通过思维上的“相互预期”而影响其他个体的行为选择。博弈实验还进一步证实了集体决策中的路径依赖。

第六，采用演化博弈论的方法，从有限种群演化博弈的角度对权力与零和思维的关系做出了尝试性的解释。

第一章 利益、权力与个体动机

我们若对人性稍有了解，就会相信对于绝大多数人来说，利益都是起支配作用的原则；几乎每一个人都或多或少受到它的影响…… 很少有人能够为大众的福祉而长期牺牲一切从个人利益出发的考虑…… 任何制度，如果不是建立在这些格言所推断的真理之上，都不会成功。[①]

——乔治·华盛顿

以权力界定的利益概念是帮助政治现实主义找到穿越国际政治领域的道路的主要路标。这个概念把试图理解国际政治的推理与有待理解的事实联系了起来。它使政治成为行动和知识的独立领域，从而将它与其他领域如经济学（由财富界定的利益概念而得到理解的）、伦理学、美学或宗教区分开来。[②]

——汉斯·摩根索

---

① John C. Fitzpatrick, ed., *The Writings of George Washington*, Washington, D.C.: United States Printing Office, 1931-1944, Vol. X, p. 363. 转引自〔美〕汉斯·摩根索：《国家间政治：权力斗争与和平(简明版)》，徐昕等译，北京大学出版社 2012 年版，第 14 页。

② 〔美〕汉斯·摩根索：《国家间政治：权力斗争与和平(简明版)》，徐昕等译，北京大学出版社 2012 年版，第7 页。

第一节　个体行为的动机

与自然科学比较，社会科学的根本不同之处在于，它以人类社会为研究对象，需要研究人的行为，因而往往离不开对人的行为预先做出某种基本假设，以此作为理论研究的逻辑起点。

当然，社会科学的不同分支对于人的行为所做的基本假设不尽相同。比如，经济学一般从个人的行为出发来解释社会现象，而传统的社会学则反其道而行之，从社会的角度来解释个人的行为。乔恩·埃尔斯特（Jon Elster）认为："在社会科学中，最为持久的分野关涉亚当·斯密的'经济人'和埃米尔·涂尔干的'社会人'，这两条思想路线背道而驰。经济人的行为由工具理性所引导，而社会人的行为则受社会规范的指引。"①

亚当·斯密（Adam Smith）早在1776年就指出，"各个人都不断地努力为他自己所能支配的资本找到最有利的用途。固然，他所考虑的不是社会的利益，而是他自身的利益，但他对自身利益的研究自然会或毋宁说必然会引导他选定最有利于社会的用途。"② 这段话既包含了"经济人"概念，也是斯密所谓

---

① Jon Elster, "Social Norms and Economic Theory," *Journal of Economic Perspectives*, Vol. 3, No. 4, 1989. pp. 99.

② 〔英〕亚当·斯密：《国民财富的性质和原因的研究》下卷，郭大力等译，商务印书馆1974年版，第25页。

“看不见的手”理论的通俗表述。

讲得更具体些，所谓“经济人”假设，即认为个人追求自身利益最大化，而且具有工具理性，有能力选择最优行动以实现自身利益最大化目标。在经济学中，“经济人”假设非常重要，它是经济理论的基本出发点，得到主流经济学家的广泛认同。比如，乔治·斯蒂格勒（George J. Stigler）就说，“让我来预测一下，如果对人们在其个人私利和普遍声称所信奉的伦理价值观发生冲突时的行为方式进行全面系统的测试，会得到怎样的结果。许多时候，实际上是大多数时候，追求私利的理论会获得胜利”[①]。

20世纪80年代以来，行为经济学尤其是行为博弈，逐渐盛行于经济学研究。通过精心设计的博弈实验来观察个体的行为选择，剖析其行为背后的思维和心理，有助于我们更深刻地理解个体行为的动机，完善有关个体行为的基本假设。

比如，沃纳·古斯（Werner Guth）等人运用实验方式研究了一种极其简单的所谓“最后通牒”博弈。在这个博弈中，一个人提出利益分配方案后，另一个人就是否接受方案表态。若后者接受前者提出的方案，则按该方案分配利益，否则，两人都一无所获。多组实验的结果显示，平均而言，提议者愿意将

---

① George J. Stigler, “Economics or Ethics?” in Sterling McMurrin, eds., *Tanner Lecture on Human Values*, Cambridge, UK: Cambridge University Press, 1981, p. 176. 转引自〔英〕肯·宾默尔:《博弈论与社会契约(第1卷)·公平博弈》，王小卫等译，上海财经大学出版社2003年版，第27页。

大约40%的份额分给对方，而有约50%的回应者会拒绝那些仅分配20%份额的方案。[1] 这明显与“经济人”假设不符。如何解释这种现象？显然与人们内心的公平意识分不开。也就是说，为了追求一定程度的公平，个体往往宁可牺牲一部分利益。

罗杰·迈尔森（Roger B. Myerson）指出，“任何一个理性决策者的行为，应该都可以用一个能给出其对结果或报酬偏好进行量化的效用函数和一个能表示其对所有相关未知因素的主观概率分布来描述。而且，当有一个新的信息可被这样一个决策者利用时，他的主观概率应该根据贝叶斯公式做相应修正。”[2] 这也是贝叶斯决策理论的基本结论。

结合人们在行为博弈中观察到的结果来看，我们在研究中运用贝叶斯决策理论时，不应总是狭隘地理解个体的效用函数。也就是说，个体的效用函数并不仅仅是利益（或收益）的函数，它也是诸如“公平度”等其他因素的函数，即多元函数。现实的人是“经济人”“政治人”“道德人”等的复合体。肯·宾默尔（Ken Binmore）也含蓄地表达过类似的看法：“本书对人性

---

① 参见 Werner Guth, et al., “An Experimental Analysis of Ultimatum Bargaining,” *Journal of Economic Behavior and Organization*, Vol. 3, No. 4, 1982, pp. 367-388。

② 〔美〕罗杰·迈尔森：《博弈论：矛盾冲突分析》，于寅等译，中国人民大学出版社2015年版，第5页。所谓贝叶斯公式，是指如下的条件概率表达式：

$$P(A_i \mid B) = \frac{P(A_i)P(B \mid A_i)}{\sum_{j=1}^{n} P(A_j)P(B \mid A_j)}$$

其中，$(A_j)_{j=1}^{n}$ 为世界状态的集合，B 为一个随机事件。

本质的假设是新古典经济学的假设，假设人们在他们自己的文明自利下行动…… 我同意森的说法，仅仅以狭隘的自利而行动的人将经常会做出愚蠢的举动…… 与斯蒂格勒的经济人不同，这里所考虑的人类的多样性将不是人为地将其注意力限制在很容易衡量或度量的个人生活的方面。他的关心与他自己的自利一道同样是考虑得很周全的。”[①]

在现实世界中，除了利益以外，权力也常常是个体追逐的目标。权力是一种可以改变对方行为的强制力量，权力与利益存在密切的联系。一方面，权力通常可以用来攫取利益；另一方面，利益也可以用来收买权力。权力的价值是否仅限于其获取利益的工具价值？如果权力的价值超越了其工具价值，那就意味着权力本身就有值得追求的内在价值；换言之，权力与利益一起进入个体的效用函数。社会心理学家认为，人的需要是权力和自主的内在价值的源泉，比如戴维·麦克莱兰（David C. McClelland）所主张的动机理论[②]。权力与自主紧密联系。在政治哲学中，个体自主具有基本的道德和政治价值。

政治现实主义认为，以权力界定的利益这一关键概念是普遍适用的客观范畴。汉斯·摩根索（Hans J. Morgenthau）进一步指出：

---

① 〔英〕肯·宾默尔：《博弈论与社会契约（第 1 卷）·公平博弈》，王小卫等译，上海财经大学出版社 2003 年版，第 26—28 页。

② 参见 David C. McClelland, *Power: The Inner Experience*, New York: Irvington Publishers, 1975。

> 在一个特定的历史时期之内，哪种利益能够决定政治行为，要视制定外交政策时所处的政治和文化的环境而定。国家实行的外交政策所追求的目标，能够包括有史以来任何国家曾经追求的以及可能追求的任何目标。这一论断也适用于权力概念，它的内容及其运用的方式取决于政治和文化环境。任何事物，只要能建立并保持人对人的控制，就包含在权力之中。因此，权力包含服务于这一目的的所有社会关系，从有形暴力到最微妙的心理关系，一个人凭借这种关系控制另一个人。权力包含人对人的支配。有时，例如在西方民主国家，权力受到道德的约束和宪法保障的控制；又有时，权力是一股未经驯服的野蛮的力量，实力是其唯一的法则，扩张是其唯一的正当性。①

不管如何定义利益和权力，它们都深植于个体的内在动机。

第二节　利益与权力交织的博弈实验

近年来陆续出现了一些讨论决策权内在价值的文献。厄恩斯特·费尔（Ernst Fehr）等人设计了一个授权博弈实验，发现

① 〔美〕汉斯·摩根索：《国家间政治：权力斗争与和平（简明版）》，徐昕等译，北京大学出版社 2012 年版，第 15 页。

权力会带来非金钱效用，因而具有重要的动机后果；当权者倾向于过度作为，而下属往往努力不足。[①] 比约恩·巴特林（Bjorn Bartling）等人设计了一个多阶段授权博弈实验，发现大多数人对于决策权的价值评估超过了决策权能够带来的利益。[②] 这说明人们认为决策权本身就具有内在价值。恩里克·法塔斯（Enrique Fatas）和安东尼奥·莫拉莱斯（Antonio J. Morales）设计了一组关于集体捐赠决策的博弈实验，证实个体能从迫使他人服从自己的决策中直接获得效用，尽管这种服从并不能给自己带来利益，甚至可能损害自己的利益。[③] 他们将个体获得的这种效用称为“支配的愉悦”。若昂·费雷拉（Joao V. Ferreira）等人将隐藏在决策权内在价值背后的动机划分为三种——独立于他人的渴望、对于权力的渴望和自信的渴望，并分别在日本和法国做了博弈实验，发现只有自信的渴望同时显著存在于两国受试身上。[④]

本节通过博弈实验来观察个体在博弈中的行为选择，推断

① 参见 Ernst Fehr, et al., “The Lure of Authority: Motivation and Incentive Effects of Power,” *American Economic Review*, Vol. 103, No. 4, 2013, pp. 1325-1359。

② 参见 Bjorn Bartling, et al., “The Intrinsic Value of Decision Rights,” *Econometrica*, Vol. 82, No. 6, 2014, pp. 2005-2039。

③ 参见 Enrique Fatas and Antonio J. Morales, “The Joy of Ruling: An Experimental Investigation on Collective Giving,” *Theory and Decision*, Vol. 85, No. 2, 2018, pp. 179-200。

④ 参见 Joao V. Ferreira, et al., “On the Roots of the Intrinsic Value of Decision Rights: Experimental Evidence,” *Games and Economic Behavior*, Vol. 119, No. 1, 2020, pp. 110-122。

权力的内在价值是否存在于个体的意识或潜意识之中。如果结论是肯定的，那就意味着个体的效用不仅取决于利益，而且取决于权力。权力的内在价值可能会通过影响个体的效用而作用于其行为选择，甚至导致个体之间合作的瓦解。

本节首先通过一组静态博弈实验来考察，个体的潜意识之中是否隐藏着对于权力内在价值的考量；然后设计一组动态博弈实验，将一种缺乏工具价值的特殊权力直接融入博弈规则，并与标准的重复博弈实验比较，进而考察仅含内在价值的权力如何改变参与者的行为选择和博弈结果。

一、静态博弈实验

这一部分的静态博弈实验，直接借鉴恩里克·法塔斯和安东尼奥·莫拉莱斯构思的有关公共产品筹资政策的社会选择问题的博弈模型。

1. 博弈实验设计

本次实验是在2020年4月5日北京大学的“博弈论与公共政策”课程的网络课堂上进行的。由于正值新冠疫情肆虐，本课程采取远程网络在线授课的方式，所以博弈实验也以在线方式进行。共有40名MPA学生上课。我们将40名学生分为10组，每组4人，其中3人为博弈参与者，1人作为实验员，负责实验组织及记录等工作。

假设每个人的初始资源禀赋为100个单位，既可以用于购买私人产品，也可以用于为公共产品[1]筹资。现在考虑生产一件这样的公共产品，它与私人产品是互相独立的。[2] 通过按人头征税的方式为公共产品筹资。采用怎样的集体决策机制来确定人头税额呢？这就是所谓社会选择问题。

我们考虑如下几种社会选择机制：

机制 1（随机选择）

每个参与者分别独立地提出自己建议的人头税额，记录在自己的卡片上，并私下报送给实验员。实验员收到三个参与者报送的人头税额后，记录在表格上，并通过掷骰子的方式以同等概率随机选择一个参与者的建议税额作为集体决策结果，在表格上记录之。实验员暂时不将任何信息反馈给参与者。

机制 2（最低税额）

每个参与者分别独立地提出自己建议的人头税额，记录在自己的卡片上，并私下报送给实验员。实验员收到三个参与者报送的人头税额后，记录在表格上，并将那个最低税额作为集体决策结果，在表格上记录之。实验员暂时不将任何信息反馈给参与者。

机制 3（最高税额）

每个参与者分别独立地提出自己建议的人头税额，记录在

---

① 公共产品在消费上具有非竞争性和非排他性。所谓非竞争性，是指一个人对公共产品的消费不会降低其他人对同一公共产品的消费量；所谓非排他性，是指无法阻止他人对公共产品的消费，要么因为技术上做不到，要么因为经济成本过高而得不偿失。国防、路灯、航标都是公共产品的典型例子。

② 既不是替代品（比如大米与小麦），也不是互补品（比如黄油与面包）。

自己的卡片上，并私下报送给实验员。实验员收到三个参与者报送的人头税额后，记录在表格上，并将那个最高税额作为集体决策结果，在表格上记录之。

2. 博弈的理论分析

假设参与者的效用取决于利益，而不包含权力的内在价值。每个参与者最大化期望效用。[①]

首先考察机制 1。在这种随机选择机制下，任一参与者的期望效用等于组内三个参与者所提三种方案给他带来效用的平均值，其中每一种方案都决定了公共产品和私人产品（剩余禀赋）的消费量。此时，参与者最大化期望效用等价于最大化自己所提方案能带来的效用，所以，参与者的策略之间实际上并不存在相互作用。也就是说，在机制 1 下，每个参与者的最优策略实际上简化为单人决策问题中的最优决策。

其次分析机制 2。取参与者所报数额之最小值作为最终方案时，参与者的策略之间存在相互作用。容易证明，参与者在机制 1 中的最优策略是机制 2 下的一个弱占优策略。考虑参与者 i，将他在机制 1 中所报的最优人头税额记为 s_i^*，将其余对手在机制 2 中所报人头税额之最小值记为 m_{-i}，可以看出：

当 $m_{-i} < s_i^*$ 时，参与者 i 的最优反应为 $s_i \geqslant m_{-i}$；

当 $m_{-i} = s_i^*$ 时，参与者 i 的最优反应也为 $s_i \geqslant m_{-i}$；

---

① 注意，参与者的效用函数因人而异，不同参与者的效用无法比较。

当 $m_i > s_i^*$ 时，参与者 i 存在唯一的最优反应 $s_i = s_i^*$ 。

无论何种情况，$s_i = s_i^*$ 要么是唯一最优反应，要么是最优反应之一，所以 s_i^* 是参与者 i 的一个弱占优策略。

如果参与者 i 在机制 2 中实际报送的人头税额 $s_i^\# < s_i^*$ ，就表明他宁愿牺牲一部分利益而放弃最优方案，目的在于提高自己的次优方案被采纳的概率。参与者 i 的方案被采纳意味着他将自己的方案强加于对手。所以，$s_i^\# < s_i^*$ 意味着参与者 i 认可或在潜意识中承认权力的内在价值。

最后考察机制 3。取参与者所报数额之最大值作为最终方案时，参与者的策略之间存在相互作用。同样可以证明，参与者在机制 1 中的最优策略 s_i^* 是他在机制 3 下的一个弱占优策略。如果参与者 i 在机制 3 中实际报送的人头税额 $s_i^\Delta > s_i^*$ ，就意味着参与者 i 认可或在潜意识中承认权力的内在价值。

3. 博弈实验结果

我们将 30 位参与者在各种机制下报送的人头税额分组统计于表 1.1：

表 1.1 三种社会选择机制下参与者的策略选择

组别	个体	机制 1	机制 2	机制 3	组别	个体	机制 1	机制 2	机制 3
1	1	6	0	33	6	16	0	0	0
	2	11	6	13		17	30	25	35
	3	15	7	11		18	17	17	17

（续表）

组别	个体	机制 1	机制 2	机制 3	组别	个体	机制 1	机制 2	机制 3
2	4	15	60	20	7	19	20	20	30
	5	10	10	40		20	5	1	7
	6	5	5	0		21	20	1	50
3	7	50	50	50	8	22	1	1	1
	8	10	10	10		23	57	1	50
	9	5	5	5		24	20	10	20
4	10	18	9	50	9	25	35	35	35
	11	10	0	15		26	10	1	1
	12	15	16	14		27	33	30	40
5	13	50	25	75	10	28	20	4	8
	14	10	5	25		29	15	10	25
	15	60	60	60		30	20	10	30

从表 1.1 可以看出，与机制 1（随机选择）相比，有 17 位参与者在机制 2（最低税额）下降低了建议的人头税额，有 11 位参与者在机制 2 下没有调整建议的人头税额。

如果将 30 名参与博弈实验的学生视为一个随机样本，以 p 表示总体中认可或在潜意识里承认权力内在价值的个体所占比例，检验如下假设：

$$H_{0:}p\leqslant 0.30,\ H_1:\ p>0.30$$

以 $\bar{p}$ 表示样本比例。由于

$$np = 30 \times 0.3 = 9 > 5$$

$$n(1 - p) = 30 \times 0.7 = 21 > 5$$

故 $\bar{p}$ 的抽样分布近似服从正态分布[①]。

检验统计量为

$$Z=\frac{\bar{p}-p_0}{\sqrt{\frac{p_0(1-p_0)}{n}}}=\frac{\frac{17}{30}-0.30}{\sqrt{\frac{0.30\times(1-0.30)}{30}}}\approx 3.187$$

取 $\alpha=0.05$，临界值为

$$Z_\alpha=1.645$$

由于

$$Z=3.187>1.645$$

所以，在 $\alpha=0.05$ 的显著性水平下可以拒绝零假设，即可以断定总体中认可或在潜意识里承认权力内在价值的个体所占比例超过 30%。

有 15 位参与者在机制 3（最高税额）下提高了建议的人头税额，有 9 位参与者在机制 3 下没有调整建议的人头税额。

仍然检验如下假设：

$$H_0: p\leqslant 0.30,\ H_1: p>0.30$$

检验统计量为

$$Z=\frac{\bar{p}-p_0}{\sqrt{\frac{p_0(1-p_0)}{n}}}=\frac{\frac{15}{30}-0.30}{\sqrt{\frac{0.30\times(1-0.30)}{30}}}\approx 2.390$$

---

① 参见〔美〕戴维·安德森等：《商务与经济统计》，张建华等译，机械工业出版社 2000 年版，第 203 页。

由于

$$Z = 2.390 > 1.645$$

所以，在 $\alpha = 0.05$ 的显著性水平下可以拒绝零假设，即也可以认为总体中认可或在潜意识里承认权力内在价值的个体所占比例超过30%。

以上结果显示，无论是在机制2下还是在机制3下，认可或在潜意识中承认权力内在价值的参与者所占比例都超过30%。

二、动态博弈实验

1. 博弈实验设计

本次实验也是在2020年4月5日北京大学的“博弈论与公共政策”课程的网络课堂上进行的，共有40名MPA学生上课。仍然将学生分为10组，每组4人，其中3人为博弈参与者，1人作为实验员，负责实验组织及记录等工作。

为了通过不同情景的比较得到有说服力的结论，我们设计了两个略有不同的博弈实验，其中，单阶段博弈的收益矩阵都如表1.2所示[①]：

① 每个单元格对应各参与者的一个特定策略组合。遵循惯例，在每个单元格中，从左边起的第一个数值表示行参与者（甲）的收益，第二个数值表示列参与者（乙）的收益，第三个数值（若有）表示参与者丙（若有）的收益。后文同此。

表 1.2　单阶段博弈的收益矩阵

丙：A				丙：B			
		乙				乙	
		A	B			A	B
甲	A	0，0，0	2，1，2	甲	A	2，2，1	4，3，3
	B	1，2，2	3，3，4		B	3，4，3	5，5，5

第 1 种动态博弈实验设计：

三方进行标准的无限次重复博弈。[①]

在每个阶段，三方同时独立地行动（选择 A 或 B），并将自己的行动选择私下报送给实验员。

实验员记录每个参与者的行动选择之后，将记录结果反馈给所有参与者，博弈随后进入下一阶段。

实验员详细记录前八阶段的实验结果，包括每个参与者的行动选择及获得的收益。

第 2 种动态博弈实验设计：

三方反复进行博弈，理论上无限次进行。

（1）在第一阶段，三方同时行动。

（2）在以后每个阶段：

只要三方各自的累积收益相等，就同时行动；

① 在现实生活中，任何博弈实验都不可能无限期进行。且不说人的寿命是有限的，大多数参与者也不愿意在实验中耗费漫长的时间。但是，人区别于动物的一个重要标志是具有理解力和想象力。我们告诉实验中的参与者，让他们想象自己参与的博弈实验是无限期进行的，只不过我们在课堂上仅仅观察前几个回合的博弈结果。下同。

若有一方的累积收益最高，就由该方决定三方的行动顺序；

若有两方的累积收益并列最高（相等），则由实验员通过掷硬币将决策权授予其中一方。

（3）由实验员负责组织实验。

实验员统计各方的选择，记录实验结果后，将各方选择及结果反馈给各方。实验员根据累积收益确定下一阶段由谁决定行动顺序，然后将确定的行动顺序告知各方。

在同时行动的阶段，每个参与者将自己的行动选择发送给实验员。

在参与者的行动存在先后顺序的阶段，先行动的参与者将自己的行动选择报送给实验员，实验员将该信息通知所有参与者之后，后面的参与者选择行动并发送给实验员，依此类推。

实验员详细记录前八阶段的实验结果，包括各个参与者的累积收益、谁决定了何种行动顺序、各个参与者的行动选择及当期获得的收益等。

2. 博弈的理论分析

第 1 种动态博弈实验设计为标准的无限次重复博弈。

如果参与者的目标是自身利益最大化，在阶段博弈中，B 就是每位参与者的占优策略；在无限次重复博弈中，“每个参与者在每个阶段都选择 B”不仅是博弈的占优策略均衡和唯一的纳什均衡，而且是唯一符合集体理性的合作解。可见，B 是参与者在每个阶段的唯一合理选择。

如果某个参与者不选择 B 而选择 A，意味着他的目标并不是自身利益最大化。对于这种行为，合理的解释是该参与者具有零和思维，追求相对收益，即希望自己的收益超过对手的收益越多越好。[①]

与第 1 种动态博弈实验设计相比，第 2 种动态博弈实验设计的唯一差别在于将权力因素直接引入博弈；为了获得这种权力（行动顺序决定权），参与者只能通过选择行动 A 以争取超越对手的累积收益，而后果则是合作瓦解。可是，从利益的角度来看，行动顺序决定权并不能为自己带来丝毫利益，即权力不具有能带来利益的工具价值。掌握行动顺序决定权的好处在于：一方面可以彰显左右他人的权力；另一方面，可以迫使对手率先选择行动而暴露其内在企图，自己随后相机行动。[②]

就同一位参与者而言，如果他在第 1 种博弈实验设计中选择 B 而在第 2 种博弈实验设计中选择 A，就表明他在追逐行动顺序决定权，意味着他承认权力的内在价值。

在第 2 种动态博弈实验设计中，我们不仅能观察参与者是否追求权力，而且能进一步观察取得权力的参与者如何运用权力；不仅能够甄别权力的内在价值，而且能够观察到权力因素如何导致合作的瓦解，哪怕纯粹从利益的角度看合作行为既符合个体理性也符合集体理性。

---

① 这种零和思维是否隐含某种意义上的权力意识？这是一个值得进一步探讨的问题。

② 即使如此，参与者也并没有从这种行动顺序安排中获得任何额外的经济利益。

3. 博弈实验结果

行动组合（B，B，B）代表了参与者之间的合作。我们首先从阶段博弈的行动组合（B，B，B）出现的频次和参与者的平均收益这两个方面比较两种博弈实验，结果如表 1.3 所示。

表 1.3 两种博弈实验的结果对比

组别	第 1 种博弈实验		第 2 种博弈实验	
	（B，B，B）出现频次	平均收益向量	（B，B，B）出现频次	平均收益向量
1	8	（5，5，5）	8	（5，5，5）
2	8	（5，5，5）	6	（4.5，4.5，4.75）
3	8	（5，5，5）	0	（2.5，3.13，2.38）
4	2	（3.63，3.75，3.25）	6	（4.75，4.5，4.5）
5	0	（2.25，1.88，2.13）	0	（0.88，0.88，0.75）
6	8	（5，5，5）	2	（2.88，3，2.25）
7	7	（4.75，4.75，4.88）	1	（2.88，2.88，3）
8	7	（4.75，4.88，4.75）	7	（4.75，4.88，4.75）
9	2	（2，1.88，1.75）	0	（1.25，0.88，1）
10	0	（1，1.25，0.88）	2	（2，1.63，2）

比较行动组合（B，B，B）在第 2 种博弈实验中的出现频次与在第 1 种博弈实验中的出现频次：在 10 个实验组中，有 5 组（第 2 组、第 3 组、第 6 组、第 7 组和第 9 组）的频次减少了；有 3 组没有发生变化，其中第 1 组和第 8 组的每个参与者在两种博弈实验中采取了相同的策略。

再比较参与者在两种实验中获得的收益大小，有 6 组的参与者在第 2 种博弈实验中获得的收益低于其在第 1 种博弈实验中获得的收益。

这表明，与第 1 种博弈实验相比，在第 2 种博弈实验中，由于权力的诱惑，有半数的实验组出现了合作受到削弱（合作频次下降）的现象。

在合作受到削弱的 5 个实验组中，第 3 组、第 6 组和第 7 组的合作频次都出现了大幅减少，相应地，这些组中参与者的平均收益也大幅下降。这表明不具有工具价值的权力因素对合作造成了很大的破坏。

在两种博弈实验设计中，有 14 人在博弈实验 2 中选择 B 的次数少于博弈实验 1，表明这些参与者追逐行动顺序决定权，他们认可或潜意识承认权力的内在价值。有 3 人在博弈实验 2 中选择 B 的次数多于博弈实验 1，有 13 人在两种博弈实验中选择 B 的次数相同。

如果将 30 名参与博弈实验的学生视为一个随机样本，以 p 表示总体中认可或在潜意识里承认权力内在价值的个体所占比例，检验如下假设：

$$H_{0:}p\leqslant 0.30，H_1：p>0.30$$

以 $\bar{p}$ 表示样本比例，由于

$$np = 30 \times 0.3 = 9 > 5$$

$$n(1 - p) = 30 \times 0.7 = 21 > 5$$

故 $\bar{p}$ 的抽样分布近似服从正态分布。

检验统计量为

$$Z = \frac{\bar{p} - p_0}{\sqrt{\frac{p_0(1 - p_0)}{n}}} = \frac{\frac{14}{30} - 0.30}{\sqrt{\frac{0.30 \times (1 - 0.30)}{30}}} \approx 1.992$$

在 $\alpha = 0.05$ 的显著性水平下，临界值为

$$Z_{0.05} = 1.645$$

由于

$$Z = 1.992 > 1.645$$

故在 $\alpha = 0.05$ 的显著性水平下可以拒绝零假设，即可以认为在动态博弈实验中，总体中认可或在潜意识里承认权力内在价值的个体所占比例超过 30%。

最后，我们进一步分析第 6 组。鉴于该组的实验过程和结果颇具代表性，表 1.4 详细记录了该组在第 2 种博弈实验中的行动过程及结果。

表 1.4　第 6 组在第 2 种博弈实验中的实验记录

阶段		参与者代号		
		甲	乙	丙
1	行动选择	*B*	*A*	*B*
	累积收益	3	4	3
2	有权决策者	乙		
	行动顺序	2	3	1
	行动选择	*B*	*B*	*B*
	累积收益	8	9	8

（续表）

阶段		参与者代号		
		甲	乙	丙
3	有权决策者	乙		
	行动顺序	1	3	2
	行动选择	*A*	*A*	*B*
	累积收益	10	11	9
4	有权决策者	乙		
	行动顺序	1	3	2
	行动选择	*A*	*A*	*B*
	累积收益	12	13	10
5	有权决策者	乙		
	行动顺序	2	3	1
	行动选择	*A*	*A*	*B*
	累积收益	14	15	11
6	有权决策者	乙		
	行动顺序	2	3	1
	行动选择	*A*	*A*	*B*
	累积收益	16	17	12
7	有权决策者	乙		
	行动顺序	1	3	2
	行动选择	*A*	*A*	*B*
	累积收益	18	19	13
8	有权决策者	乙		
	行动顺序	2	3	1
	行动选择	*B*	*B*	*B*
	累积收益	23	24	18

在博弈的第1阶段，三方同时行动，乙选择A以谋求行动顺序决定权。由于甲和丙都选择B，乙的收益最高，故乙获得行动顺序决定权。随后，乙指定对手先行动，自己后行动，以便见机行事。

在博弈的第2阶段，在观察到丙和甲都选择了B之后，乙无论如何选择也能保持累积收益最高，从而确保继续掌握行动顺序决定权。因此，乙选择B，获得高收益而不丧失行动顺序决定权。随后，乙仍然指定对手先行动，自己后行动，以便见机行事。

在博弈的第3阶段，甲选择了A，意图在累积收益上逼平乙从而争夺行动顺序决定权。观察到甲的行为后，乙针锋相对，也选择A，宁可损失一些收益也要继续掌握行动顺序决定权。

在后续各个阶段，乙保持了上述思路和做法。

这样一来，第6组在博弈实验2中的合作频次就大大减少了，尽管该组在博弈实验1中实现了充分合作。

三、结论

在社会科学中，对人的行为的基本假定往往是理论研究的逻辑起点；对人的行为的研究则是经验研究的核心内容。主流的经济学理论秉持“经济人”假设，认为个体都是追求自身利益最大化的自利者。社会心理学、政治哲学则认同权力本身就值得追求，权力具有内在价值。

本节通过博弈实验研究了权力的内在价值及其对于个体行为的影响。在静态博弈实验中，我们发现达到半数的个体为了获得某种左右他人的权力而宁愿偏离自己的弱占优策略，而这种行为只可能损害自己的利益。这表明，这些个体至少在潜意识中认可权力的内在价值。

在动态博弈实验中，我们将一种缺乏工具价值的特殊权力直接融入博弈规则，再与标准的重复博弈实验相比较，发现这种缺乏工具价值的权力也会吸引一部分参与者，它改变了这些参与者的行为选择，使半数实验组出现了合作削弱甚至瓦解的现象。在经典的囚徒困境博弈中，合作的困难在于它与理性个体对于自身利益的盘算相抵触；而我们的博弈实验发现，即使合作与理性个体对于自身利益的追求一致，对于权力本身的追求也很可能削弱或瓦解合作。

总之，在研究人的行为时，我们不应该局限于利益，还应该考虑权力；在考虑权力的影响时，我们不仅要关注权力对于获取利益的工具价值，还要考虑权力本身的内在价值。权力本身就可能是一种目的，这种目的会影响个体行为，并可能干扰个体之间的合作。

第二章　威慑的博弈分析

百战百胜，非善之善者也；不战而屈人之兵，善之善者也。①

——孙武

不要错误地认为我们不愿发生冲突就是意志不坚定。在需要采取行动来保卫我们国家的安全时，我们就会采取行动。如果必要，我们会保持充分的实力以争取优势。因为我们知道，唯有如此，我们才最有可能不必动用这种实力。②

——罗纳德·里根

第一节　威慑的原理

一、威慑的概念与威慑理论

在汉语中，“威慑”的本意是“威而慑之”。根据《现代汉

① 李零：《孙子译注》，中华书局2007年版，第19页。

② 里根总统1981年1月就职演讲。参见朱红编译：《美国总统讲演集》，北岳文艺出版社2005年版，第357页。

语词典》的解释,“威”指表现出来的能压服人的力量或使人敬畏的态度;“慑”表示害怕或使害怕;“威慑”的意思就是“用武力或声势使对方感到恐惧”。[①] 英语单词“deterrence”也被翻译为“威慑”。“deterrence”的动词是“deter”,其基本用法为“deter sb (from doing sth)”,含义是“使某人决定不做某事”[②]。可见,“deterrence”尽管被翻译为“威慑”,但其含义与汉语中“威慑”一词的原意并不相同。

在有关战略研究的学术文献中,“威慑”译自“deterrence”,它具有特定的含义。帕特里克·摩根(Patrick M. Morgan)对威慑的定义是“为了阻止对手意欲发动的武力攻击,己方以武力报复相威胁”[③]。戈登·克雷格(Gordon A. Craig)和亚历山大·乔治(Alexander L. George)对威慑的定义则更加宽泛——“威慑本质上是这么一种努力,即一个行为体说服自己的对手不要采取某种有损其利益的行动,办法是使其对手相信,如此行事的代价将超过它希望由此获得的裨益”[④]。由于我们对威慑的研究并不局限于国际关系领域,本书采用后一种更宽泛的定义。

---

① 中国社会科学院语言研究所词典编辑室编:《现代汉语词典(第7版)》,商务印书馆2017年版,第1357、1157、1358页。

② 〔英〕霍恩比:《牛津高阶英汉双解词典(第四版)》,李兆达译,商务印书馆1997年版,第391页。

③ Patrick M. Morgan, *Deterrence: A Conceptual Analysis*, Beverly Hills: Sage Publications, 1977, p. 9.

④ 〔美〕戈登·克雷格、〔美〕亚历山大·乔治:《武力与治国方略——我们时代的外交问题》,时殷弘等译,商务印书馆2004年版,第180页。

二、有效威慑的条件

从威慑的定义出发，经过仔细推敲可以判断，行之有效的威慑至少应满足如下五个条件：

第一，威慑主体必须有足够的实力或适当的手段来报复对手的进攻行为。报复行动给威慑对象造成的损失必须足够大，使得威慑对象发动进攻得不偿失。

第二，一旦威慑对象发动进攻，威慑主体必须有机会（时间）实施报复行动。

第三，威慑主体发出的报复威胁必须是可信的。换言之，当威慑对象不顾警告发动进攻时，威慑主体实施报复应比不实施报复更符合自己的利益。

第四，威慑对象是理性的，并且能够明确无误地接收到威慑主体发出的威慑信号。

第五，威慑主体和威慑对象对于各种情境下的利益得失（即收益函数）应具有相容的信念。①

---

① 在博弈论中，如果每个参与者的收益函数都是所有参与者的共同知识，这样的情形被称为完全信息（Complete Information），相应的博弈被称为完全信息博弈，否则就是不完全信息博弈。对于不完全信息博弈，可以通过海萨尼转换（即增添“自然”作为新的参与者）转化为完全但不完美信息的博弈。此处所谓“相容的信念”是指各个参与者的信念不能互相矛盾，博弈要么为完全信息博弈，要么为经由海萨尼转换的完全但不完美信息博弈。

考虑表 2.1 所示的静态博弈。

表 2.1　完全信息静态博弈

		乙	
		A	*B*
甲	*A*	3，4	1，3
	B	4，1	2，2

在这个博弈中，假设双方就行动组合（*A*，*A*）达成了一个君子协议，此时甲的收益为3，乙的收益为4，这一结果对双方都不错。不过，*B* 是甲的占优策略[①]，甲一定会单方面背弃协议而选择 *B*，将自己的收益提高到 4。理性的乙当然能够预见到甲的这种背叛行为，所以乙也不会遵守协议，他也会选择 *B*。而在（*B*，*B*）这个行动组合下，双方的收益都仅为 2。其实这个结果对于甲来说也比信守协议更差，但甲却无法摆脱这个结果。

在这个博弈中，由于双方同时行动，乙根本没有机会（时间）根据对手的背叛行为来实施威胁，即不满足上面的第二项条件。因此，不存在有效威慑。

现在假设双方商定改变博弈规则，将原来的同时行动博弈改为甲先行动、乙后行动的动态博弈，博弈树如图 2.1 所示。

① 所谓占优策略是指，无论对手选择什么策略，自己的某一个策略始终是最优选择。甲的策略 *B* 就符合这个要求。

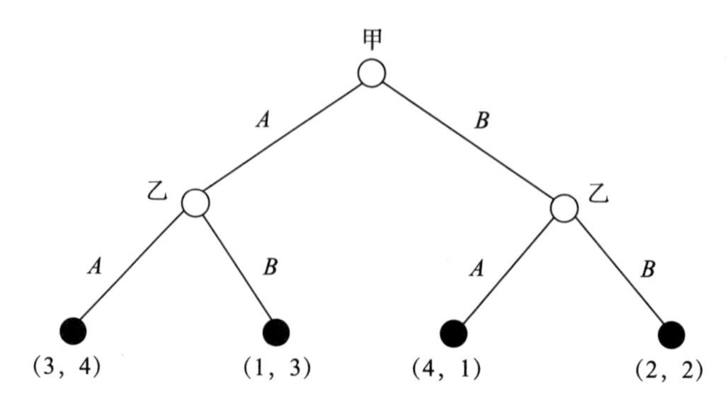

图 2.1　改变行动顺序后的动态博弈

一旦改为动态博弈，乙在甲之后行动，乙就可以根据甲的行动相机选择，博弈结果就完全不同了。

现在，乙可以威慑甲——不准偏离双方达成的关于行动组合（*A*，*A*）的君子协议，否则乙将选择 *B* 予以报复。若甲不顾乙的威慑而选择了 *B*，那么乙确实会选择 *B* 来报复甲，因为在此种情况下乙选择 *B* 获得的收益高于选择 *A* 获得的收益（因 2 > 1），而当乙选择 *B* 时甲得到的收益是 2，根本不可能获得他在表 2.1 的静态博弈中通过单方面偏离协议而选择 *B* 得到的收益 4。如果甲遵守协议选择 *A*，那么乙从自身利益出发也会选择 *A*（因 4 > 3），此时甲得到的收益是 3。显然，理性的甲在博弈开始时会选择 *A*（因 3 > 2），随后乙也会选择 *A*，策略组合（*A*，*AB*）构成了这个博弈的子博弈完美纳什均衡①。甲、

① 乙的策略 *AB* 表示：如果乙发现自己位于左边的节点（即甲选择了 *A* 之后），乙就选择 *A*；如果乙发现自己位于右边的节点（即甲选择了 *B* 之后），乙就选择 *B*。后文采用类似的简化记法。

乙双方得到的收益分别是 3 和 4。在这个动态博弈中，乙对甲的威慑是有效的。

这个例子还启发我们，有效的威慑并不一定要求威慑主体的实力强于对手。由于理性主体的行为选择取决于其对不同情景下自身利益大小的权衡，威慑主体只要能够成功改变对手对不同情景下利益大小的预期即可改变对方的行为，从而构成有效威慑。

三、基本的威慑博弈模型

关于威慑的基本模型可以用图 2.2 所示的博弈树来刻画。

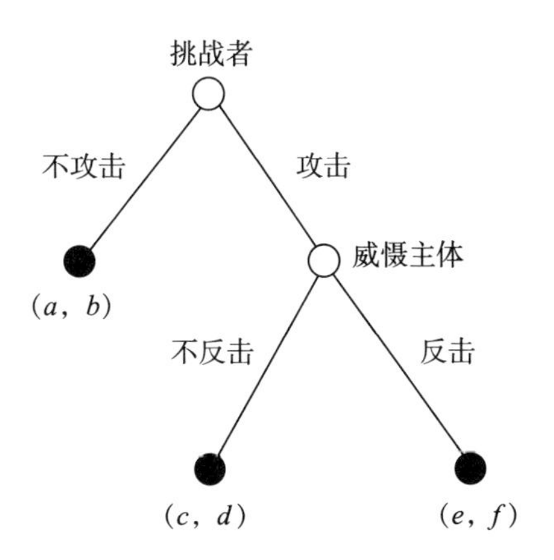

图 2.2　基本的威慑博弈

在博弈论中，我们假定博弈的结构是所有参与者的共同知识。也就是说，挑战者和威慑者都能看到图 2.2 中的博弈树；这意味着在这个简单的博弈中，每个参与者的收益函数是双方的共同知识。

在这个博弈中，挑战者不攻击就意味着维持现状，此时挑战者的收益为 a，威慑主体的收益为 b。

挑战者有改变现状的潜在意图，这意味着 $c > a$。

威慑主体不愿意改变现状，这意味着 $d < b$。

威慑主体有能力报复挑战者，使其攻击行为得不偿失，这意味着 $e < a$。

如果威慑主体的报复威胁是可信的，即在挑战者发动攻击后，威慑主体实施威胁必须优于不实施威胁，这就意味着 $f > d$。否则，若 $f < d$，就意味着威慑主体的威胁是不可信的。

在上述博弈中，若有

$$c > a, \ d < b, \ e < a, \ f > d$$

并假定双方具有理性共识，那么有效威慑的五个条件就全部满足了。采用逆向归纳法分析博弈，如果挑战者发动了攻击，那么威慑主体一定会反击（因 $f > d$），这样，挑战者会发现自己得不偿失（因 $e < a$），所以挑战者在权衡得失之后从一开始就不会发动攻击。现状得以维持，这符合威慑者的利益（因 $d < b$），尽管挑战者心有不甘（因 $c > a$）。由此可见，“挑战者不攻击，威慑者面对攻击时选择反击”构成了这个博弈的子博弈完美纳什均衡。在这个博弈中，威慑者的威胁是有效的，这与子博弈完美纳什均衡的思想是完全一致的，子博弈完美纳什均衡就是排除了不可信威胁的纳什均衡。[①]

在图 2.2 所示的博弈中，如果双方的收益具有可加性，当威慑者的威胁不可信（$f < d$）时，可以推导出

$$e + f < a + b$$

且

$$e + f < c + d$$

这就是说，在博弈的三种最终结果中，“挑战者进攻，威慑者反击”对集体而言是最差的结果。

但是，反之则未必。即使“挑战者进攻，威慑者反击”对集体而言是最差的结果，这也并不意味着威慑者的威胁就一定是不可信的。

四、威慑的实例：欧洲冷战

下面，我们以冷战时期（1949—1991 年）美国与苏联在联邦德国的对抗为例进行分析。[②]

二战结束后，苏联驻德国集团军群拥有超过 30 万的官兵。考虑到战争中先发制人的优势，苏联于 20 世纪 60 年代开始在民主德国部署核武器。在漫长的冷战时期，苏联驻德国集团军

① 子博弈完美纳什均衡要求，参与者的策略组合不仅在整个博弈上互为最优反应，而且在每个子博弈中也互为最优反应。所谓子博弈是指博弈树的这样一部分——起始于单节信息集，包含该起始节点之后的整个后续博弈，而且不能分割任何信息集。

② 本节的这个例子主要参考〔美〕罗杰·麦凯恩：《博弈论：战略分析入门》，原毅军等译，机械工业出版社 2006 年版，第 162—163、173—174 页。

群位于苏军向西进攻计划的第一梯队，基本维持齐装满员状态。为了阻止苏联攻击，美国在联邦德国境内驻军。然而，美国及其盟国在联邦德国的驻军远不能抵挡苏联的全面进攻。也就是说，如果苏联发动大规模攻击，就能打败甚至消灭驻扎在联邦德国的美军。我们断言，慑止苏联攻击的并不是美国部署在联邦德国的驻军，而是来自美国的大规模反击甚至使用核武器的威慑。这种威慑究竟是如何发挥作用的呢？

假设美国没有在联邦德国驻军，欧洲境内的冷战博弈局势由图 2.3 所示的博弈树来刻画。在博弈树的每个终节点上，我们标示了博弈各方的收益组合，其中第一个数值表示苏联获得的收益，第二个数值表示美国获得的收益。[①]

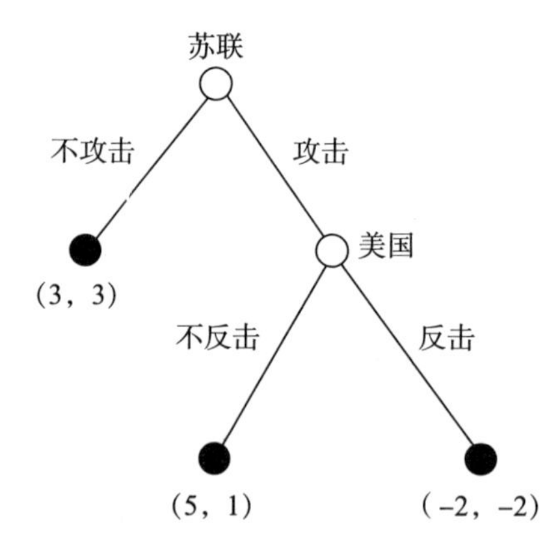

图 2.3　美国在联邦德国无驻军时欧洲境内的冷战博弈

资料来源：〔美〕罗杰·麦凯恩：《博弈论：战略分析入门》，原毅军等译，机械工业出版社 2006 年版，第 162 页。

① 通常的做法是，各个参与者收益的排列次序对应于各方在博弈树上从根节点开始的出现顺序。

在美国的国家安全战略中，威慑划分为不同的层级。美国将本土安全置于首要地位，其次才是盟友的安全。着眼于维护本土安全的威慑战略称为中央威慑，着眼于维护盟友安全的威慑战略称为延伸威慑。中央威慑的层级高于延伸威慑。显然，在欧洲境内的冷战局势中，美国的威慑战略是延伸威慑，着眼于保护盟友的利益。伴随延伸威慑而来的一个关键问题就是可信性——盟友的利益并非美国的核心利益，美国真会为了保护盟友利益而不惜与苏联一战吗？

图 2.3 是一个包含两阶段的完美信息博弈①，可以采用逆向归纳法进行分析。首先分析第二阶段。如果苏联已经发起对欧洲的攻击，美国若为了保卫欧洲而发动反击，获得的收益为 -2；美国若不反击，获得的收益为 1。美国在这两种状态下获得的收益都低于苏联不攻击欧洲时美国能获得的收益。不过，与“反击”相比，“不反击”更符合美国的利益（因 $1 > -2$），所以，美国的理性选择是不反击。现在来看博弈的第一阶段。苏联若选择攻击欧洲，它能预见到美国从自身利益出发选择“不反击”，这样，苏联能获得 5 单位的收益，高于它不攻击欧洲时的收益 3，所以苏联的理性选择是攻击欧洲。由此可见，在这个博弈中，美国对苏联的威慑是失败的。

---

① 完美信息，译自英语“Perfect Information”，是指每个参与者在行动时都掌握充分信息，对于在他行动之前的博弈历史一清二楚，且没有任何参与者与他同时行动。需要特别注意，完美信息不同于前文提到的完全信息。一个完美信息博弈一定也是完全信息博弈，但反之则未必。

对照前面列出的有效威慑需要具备的五个条件，我们发现，美国的威慑失败的原因在于未满足第三个条件。无论美国对于苏联的潜在攻击意图发出多么严厉的威胁，苏联都不会当真；或者说，苏联认为美国的威胁是不可信的。为什么说美国的威胁不可信？因为如果苏联不顾美国的威胁而采取攻击行动，届时美国若把威胁付诸实施反而不符合美国自身的利益。

那么，美国有没有办法让自己的威胁可信，从而成功地威慑苏联呢？如果在苏联攻击欧洲时，美国选择“不反击”面临的结果比选择“反击”得到的结果更糟糕，那么美国的威慑就是可信的了。美国在联邦德国驻军就能产生这样的效果。对于这一点，托马斯·谢林的论述非常精彩：

> 当政府要求国会授权和平时期在欧洲驻扎部队时，其明示的理由是，这些部队不是为了抵御具有优势的苏联部队，而是使苏联不再怀疑美国将自动卷入任何一场针对欧洲的攻击。其中所隐含的观点并不是说，因为我们显然会防卫欧洲，所以我们应当把军队派遣到那里以展示这一事实。其逻辑很可能是这样的，即如果我们有更多的超出我们承受能力的部队正在遭受苏联的攻击，不论我们是否愿意，我们都无法避免卷入欧洲的战争…… 就军事素质而言，守卫柏林的部队与任何其他的部队相比并不差，但是它的规模

确实太小了。7000人的美国部队或者12 000人的盟军部队能够做什么呢？坦率地说，他们可以战死。他们能够英勇地引人注目地牺牲，这将保证军事行动不会就此终结。他们代表了美国政府及其武装力量的尊严、荣誉和名声；他们显然可以牵制整个红军。[1]

如果美国在联邦德国驻军，在各种情况下各方的收益会发生怎样的变化？罗杰·麦凯恩(Roger A. McCain) 的分析如下：

在联邦德国驻军，提高了苏联攻击联邦德国而美国不还击时苏联的收益，但同时减少了美国在任何情况下的收益。甚至在苏联不攻击的情形下，美国的收益也将减少，因为维持联邦德国的驻军需要费用。如果美国反击，依然会有些部队在得到救援前损失掉。但最大的变化是苏联攻击而美国不还击情形下的收益，此时驻扎在联邦德国的美军将全军覆没；如果置之不理，政府不久之后就会垮台，这就是政治成本。[2]

这样，美国政府在考虑是否派军队驻扎联邦德国时，面临的博弈局势就可以由图2.4的博弈树来刻画。

这是一个包含三阶段的完美信息动态博弈，我们仍然采用

① Thomas C. Schelling, *Arms and Influence*, New Haven and London: Yale University Press, 2008, p. 47.

② 〔美〕罗杰·麦凯恩：《博弈论：战略分析入门》，原毅军等译，机械工业出版社2006年版，第163页。

逆向归纳法进行分析。如果美国不驻军，那么博弈局势就如图 2.3 所示。前面已经分析过，在这种情况下，苏联会攻击欧洲，美国不反击，美国的收益将会是 1。

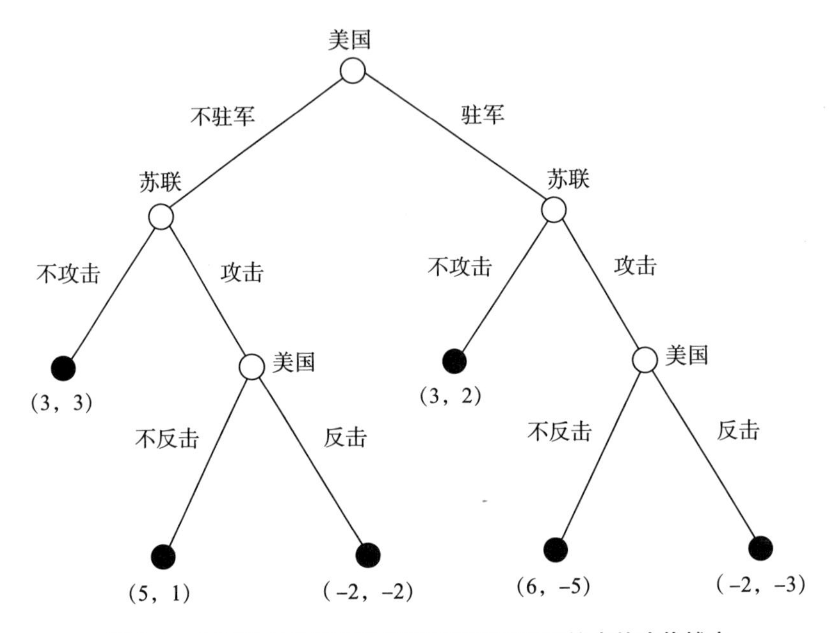

图 2.4　美国考虑是否在联邦德国驻军时欧洲境内的冷战博弈

资料来源：〔美〕罗杰·麦凯恩：《博弈论：战略分析入门》，原毅军等译，机械工业出版社 2006 年版，第 174 页。注意，在这个博弈树中，每个终节点上的两个数值自左至右依次代表苏联的收益和美国的收益。

如果美国驻军，随后苏联攻击欧洲，在这种情况下，美国发动反击获得的收益（-3）高于不反击获得的收益（-5），美国的理性选择是反击。苏联能够预见到美国将会反击，这种情形下苏联的收益（-2）低于苏联不攻击欧洲得到的收益（3），所以苏联的理性选择是不攻击。

这样，在博弈的第一阶段，能够预见——只要美国在联邦德国驻军，苏联一定不会攻击欧洲，美国能获得的收益为2，高于美国不驻军获得的收益（1）。所以，美国的理性选择是在联邦德国驻军。

在这个博弈中，美国会选择驻军，而且能够成功威慑苏联，遏止其潜在的进攻欧洲企图。前面提出的有效威慑需要具备的五个条件全部得到满足，美国对于苏联的进攻予以报复（反击）的威胁是可信的。

第二节　不完全信息下的威慑

在现实世界的博弈中，参与者之间往往存在信息不对称的情况。比如，在上一节分析的欧洲境内冷战博弈中，美国可能更了解自身实力强弱，而这会影响美国对于与苏联爆发军事冲突的后果的评估；也许美国总统在做决策时面临着来自各方面的政治压力，这种政治压力会影响他对于与苏联爆发军事冲突的政治利益得失的估算，可是这些情况并不为苏联所了解。这样，美国与苏联之间就存在信息不对称。

我们不妨假设美国可能存在两种类型——强硬型或软弱型。下面区分两种不同的情况来构建不完全信息博弈模型并进行分析。

一、关于国内政治压力的不完全信息博弈模型

首先考虑一种比较简单的情况——强硬型与软弱型的差异来源于美国总统受到的国内强硬派施加的政治压力大小不同。当美国在联邦德国驻军之后，如果苏联攻击欧洲而美国随后予以反击，假定美国的收益为-6，收益大小与美国的类型无关。当美国驻军之后，如果苏联攻击欧洲但美国不反击，此时若美国总统受到国内强硬派政治压力比较小，我们就称美国为软弱型，软弱型美国的收益为-5；若美国不予反击而美国总统受到国内强硬派政治压力比较大，我们就称美国为强硬型，强硬型美国的收益为 $-5-c$，其中 $c>0$。

为了使讨论更有意义，我们假定 $c>1$。这意味着，当美国在联邦德国驻军之后，如果苏联攻击欧洲，强硬型美国受到国内强硬派的压力比较大，它一定会反击；而软弱型美国则不会反击。假设其他各种情形下美国的收益与其类型无关，而且美国和苏联在这些情形下的收益与图 2.4 一致。

假设美国属于强硬型的概率为 p，属于软弱型的概率为 $1-p$。其中 $0<p<1$。美国知道自己的类型；苏联不知道美国的类型，但知道美国类型的概率分布。

以上信息是美国和苏联双方的共同知识。

这样，不完全信息下的博弈局势就可以用图 2.5 所示的博弈树来刻画。图中，苏联有两个信息集——信息集 I_1 由节点 A

和节点 C 构成，信息集 I_2 由节点 B 和节点 D 构成。[①] 与图 2.4 保持一致，在博弈的各个终节点下，括号内的两个数字依次表示苏联的收益和美国的收益。

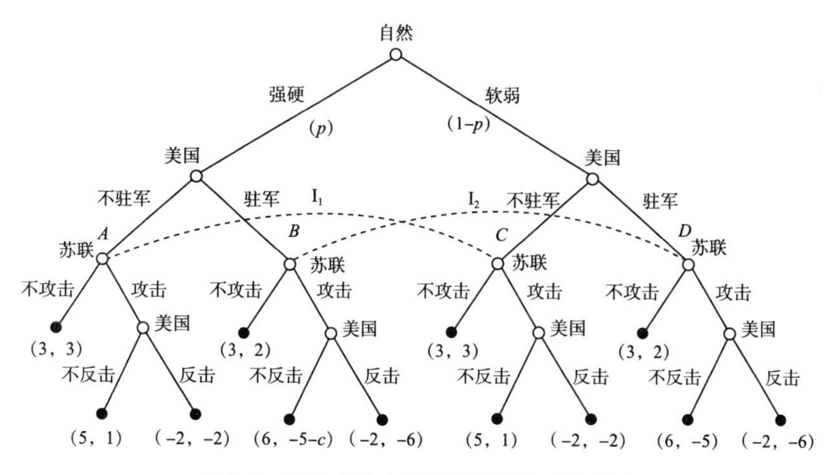

图 2.5　不完全信息下的欧洲境内冷战博弈

我们现在分析，这个博弈是否存在这样的精炼贝叶斯均衡[②]——在均衡中，无论美国属于强硬型还是软弱型，它都会在联邦德国驻军。

---

① 信息集用于刻画参与者所掌握的信息情况。当博弈进行到某个参与者的一个信息集时，如果这个信息集包含不止一个节点，参与者知道自己位于这个信息集里的某一个节点，但不清楚自己到底处于哪一个具体节点。我们把位于同一个信息集的节点用虚线连起来。

② 精炼贝叶斯均衡定义为参与者的策略和信念的组合，须符合：每个参与者的策略必须符合序贯理性，即必须满足这样的要求——对于该参与者的每个信息集，其策略要求，他在该信息集以及后续博弈中采取的行动计划必须是从他当前的信念出发，对于对手策略的最优反应；与此同时，该参与者在当前信息集中的信念又必须满足这样的要求——它应能从该参与者的先验信念出发，结合对手的策略，在贝叶斯法则可以运用的情况下采用贝叶斯法则导出。

第一步：分析苏联的信息集 I_1。

当美国不在联邦德国驻军时，博弈就进入了苏联的这个信息集。如果苏联攻击欧洲，美国从自身利益出发会选择“不反击”，美国的收益为1，苏联的收益为5。如果苏联不攻击欧洲，苏联的收益为3。因此，苏联会选择攻击欧洲，且美国随后不反击，苏联与美国的收益分别为5和1。

第二步：分析苏联的信息集 I_2。

当美国在联邦德国驻军后，一旦苏联进攻欧洲，强硬型的美国会选择反击，此时苏联的收益为-2；而软弱型的美国则不反击，此时苏联的收益为6。

假设在美国的均衡策略中，无论属于强硬型还是软弱型，美国都在联邦德国驻军。给定美国这样的策略和苏联对于美国类型的概率分布的先验信念，苏联就可以推断，美国属于强硬型的概率为 p，属于软弱型的概率为 $1-p$。那么，苏联选择进攻欧洲能获得的预期收益就为

$$-2p+6(1-p)=6-8p$$

当美国在联邦德国驻军后，苏联不攻击欧洲能获得的收益为3。

当下列条件成立时，苏联不攻击欧洲：

$$6-8p<3$$

亦即

$$p>3/8$$

我们现在假设苏联对于美国类型的概率分布的先验信念确实满足这个条件。这样，只要美国在联邦德国驻军，苏联就不会攻击欧洲。苏联的收益为3，美国的收益为2。

第三步：分析美国是否驻军的选择问题。

由前面的分析可见，无论美国属于强硬型还是属于软弱型，驻军能获得的收益（2）高于不驻军获得的收益（1），故两种类型的美国都会选择驻军。而这一结果与我们前面对于美国均衡策略的假定确实是一致的。

因此，我们就得到了这个不完全信息博弈的一个精炼贝叶斯均衡，双方的均衡策略及信念分别是：

美国的均衡策略[①]**：**

无论属于强硬型还是属于软弱型，都在联邦德国驻军。驻军后，一旦苏联攻击欧洲，强硬型的美国予以反击，软弱型的美国不反击。

（在非均衡路径上）如果美国并没有驻军，那么，一旦苏联攻击欧洲，无论美国属于强硬型还是软弱型，都不反击。

苏联的均衡策略及信念：

如果观察到美国在联邦德国驻军，则认为美国属于强硬型的概率为 p，属于软弱型的概率为 $1-p$；苏

① 由于美国知道自己的类型，它的所有信息集都是单节信息集。在单节信息集之中，参与者知道自己处于该节点的概率是1。因此无须写出美国的信念。

联选择不攻击欧洲。[1]

如果观察到美国没有在联邦德国驻军，则对于美国所属类型的信念可以是任意的概率分布；苏联选择攻击欧洲。

在美国三权分立的政治体制下，总统在国家安全政策制定上受到国内各种政治势力的压力，尤其是来自国会和军方的压力。在美国国会中，强硬派为数众多；美国军方则鹰派云集。所以，美国的政治体制和政治现实有助于增强其对手（如苏联）对于美国属于强硬型的信念；美国总统当然也能预见到这一点，从而更有信心通过驻军的方式来威慑苏联，即使美国总统实际上并没有承受国内强硬派的强大压力。

二、关于军事实力、国内政治压力的不完全信息博弈模型

现在我们考虑一种更接近现实的情况——强硬型与软弱型的差异不仅来源于美国总统所承受的国内强硬派政治压力的大小不同，而且也来源于美国的军事实力，尤其是其对手（苏联）对于美国军事实力强弱的判断。

在图 2.5 的博弈树基础上，我们假定：无论美国是否在联邦德国驻军，与软弱型的美国对照，当强硬型的美国与苏联爆

---

① 假定 $p > 3/8$。

发军事冲突时，美国的收益提高了 d 个单位，而苏联的收益则降低了 d 个单位。[①] 这样，博弈局势就可以用图 2.6 的博弈树来刻画。

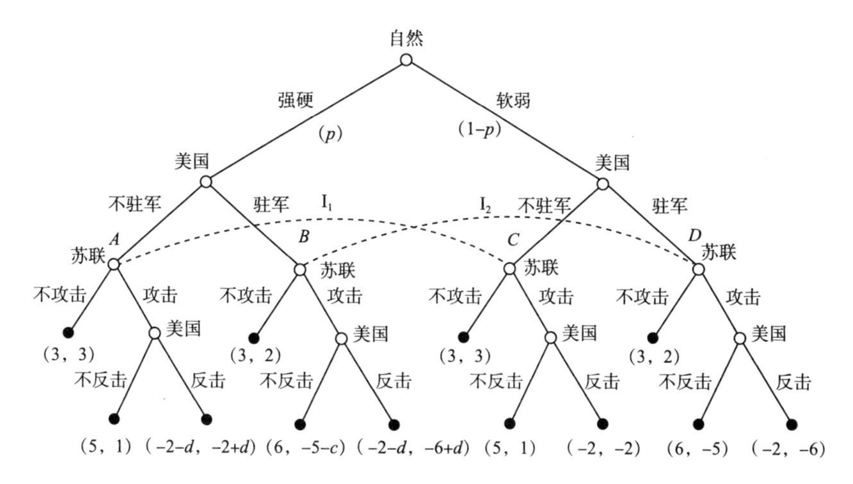

图 2.6　不完全信息下的欧洲境内冷战博弈（续）

我们分两种情形展开讨论。

第一种情形：假设 $0 < d < 3$，$c > 1$。

第一步：分析苏联的信息集 I_1。

当美国不在联邦德国驻军时，博弈就进入了苏联的这个信息集。如果苏联攻击欧洲，美国从自身利益出发会选择“不反击”（因 $1 > -2 + d > -2$），苏联的收益就为5。如果苏联不攻击欧洲，苏联的收益为3。因此，苏联会选择攻击欧洲，且美国随后不反击，苏联与美国的收益分别为5和1。

---

① d 反映了强硬型美国拥有更强的军事实力。

第二步：分析苏联的信息集 I_2。

当美国在联邦德国驻军后，一旦苏联进攻欧洲，强硬型美国会选择反击（因 $-6+d>-5-c$），此时苏联的收益为 $-2-d$；而软弱型美国则不反击（因 $-5>-6$），此时苏联的收益为 6。

假设在美国的均衡策略中，无论属于强硬型还是软弱型，美国都在联邦德国驻军。给定美国这样的策略和苏联对于美国类型的概率分布的先验信念，苏联就可以推断，美国属于强硬型的概率为 p，属于软弱型的概率为 $1-p$。那么，苏联选择进攻欧洲能获得的预期收益就为

$$(-2-d)p+6(1-p)=6-(8+d)p$$

当美国在联邦德国驻军后，苏联不攻击欧洲能获得的收益为 3。

当下列条件成立时，苏联才不攻击欧洲：

$$6-(8+d)p<3\text{，亦即 }p>3/(8+d)$$

其余分析及均衡与图 2.5 所示博弈类似，不再赘述。

显然，当 $0<d<3$ 时，随着 d 的上升，为了确保苏联不攻击欧洲而要求 p 满足的下限就越低；当 $d\to3$ 时，只需要满足 $p>3/11$。这一结论与直觉是一致的——美国的军事实力越强，对苏联的威慑就越有可能成功。

第二种情形：假设 $d>3$，$c>1$。

在这种情形下，无论美国是否在联邦德国驻军，当苏联攻

击欧洲时，强硬型美国都会反击（因 $-2+d>1$ 且 $-6+d>-5-c$），而软弱型美国则不反击（因 $1>-2$ 且 $-5>-6$）。

我们首先假定在美国的均衡策略中，是否驻军不受美国类型的影响，即强硬型美国与软弱型美国在是否驻军这一问题上的决策是相同的。

第一步：分析苏联的信息集 I_1。

当美国不在联邦德国驻军时，博弈就进入了苏联的这个信息集。如果苏联攻击欧洲，它能获得的预期收益就为

$$(-2-d)p+5(1-p)=5-(7+d)p$$

如果苏联不攻击欧洲，它的收益为3。这样，苏联不攻击欧洲的条件为

$$5-(7+d)p<3\text{，即 }p>2/(7+d)$$

第二步：分析苏联的信息集 I_2。

当美国在联邦德国驻军后，博弈就进入了苏联的这个信息集。如果苏联攻击欧洲，它能获得的预期收益就为

$$(-2-d)p+6(1-p)=6-(8+d)p$$

如果苏联不攻击欧洲，它的收益为3。这样，苏联不攻击欧洲的条件为

$$6-(8+d)p<3\quad\text{，即 }p>3/(8+d)$$

当 $d>3$ 时，必有

$$\frac{3}{8+d}>\frac{2}{7+d}$$

我们再分两种情形讨论：

当 $p > 3/(8+d)$ 时，也一定有 $p > 2/(7+d)$，因此，无论美国是否在联邦德国驻军，苏联都不会攻击欧洲。

美国也可以推断出苏联的上述策略，因此，无论美国属于强硬型还是软弱型，美国都会选择不驻军，以避免驻军带来的不必要的费用。而这一结果恰好符合我们前面关于美国的驻军决策与类型无关的假定。

因此，当 $p > 3/(8+d)$ 时，这个不完全信息博弈存在如下精炼贝叶斯均衡：

美国的均衡策略：

无论属于强硬型还是属于软弱型，都不在联邦德国驻军。此后，一旦苏联攻击欧洲，强硬型的美国予以反击，软弱型的美国不反击。

（在非均衡路径上）如果美国在联邦德国驻军了，那么，一旦苏联攻击欧洲，强硬型的美国予以反击，软弱型的美国不反击。

苏联的均衡策略及信念：

无论美国是否在联邦德国驻军，苏联都不攻击欧洲。

判断美国属于强硬型的概率为 p，属于软弱型的概率为 $1-p$。

由此可见，当 $d > 3$，$c > 1$，$p > 3/(8+d)$ 时，由于美国强

大且强硬的概率比较高，足以有效威慑苏联。即使美国的真实类型是软弱的，由于信息不对称，苏联也不敢进攻欧洲。

值得一提的是，当 $d > 3$，$c > 1$ 时，在联邦德国驻军这一行动本身并不能使美国的威慑可信。在这里，使威慑可信的原因在于美国强大且强硬的概率比较高。

当 $2/(7 + d) < p < 3/(8 + d)$ 时，如果美国不在联邦德国驻军，苏联就不攻击欧洲；如果美国在联邦德国驻军，苏联则攻击欧洲。

美国也可以推断出苏联的上述策略，此时，无论美国属于强硬型还是软弱型，美国都会选择不驻军，这样不仅能避免苏联的攻击，而且能节省驻军带来的不必要的费用。而这一结果也恰好符合我们前面关于美国的驻军决策与类型无关的假定。

因此，当 $2/(7 + d) < p < 3/(8 + d)$ 时，这个不完全信息博弈的一个精炼贝叶斯均衡是：

美国的均衡策略：

无论属于强硬型还是属于软弱型，都不在联邦德国驻军。此后，一旦苏联攻击欧洲，强硬型的美国予以反击，软弱型的美国不反击。

（在非均衡路径上）如果美国在联邦德国驻军了，那么，一旦苏联攻击欧洲，强硬型的美国予以反击，软弱型的美国不反击。

苏联的均衡策略及信念：

如果美国没有在联邦德国驻军，苏联就不攻击欧洲；否则就攻击欧洲。

判断美国属于强硬型的概率为 p，属于软弱型的概率为 $1-p$。

引人注目的是，在联邦德国的驻军行动不仅不能使美国的威慑有效，反而会导致苏联对欧洲的攻击。这是因为，当 $d > 3$，$c > 1, 2/(7 + d) < p < 3/(8 + d)$ 时，驻军不仅不是一种使美国的威慑可信的行为，而且与没有驻军的情况比较，一旦苏联进攻欧洲而美国又不还击的情况发生时，苏联的收益更高。①

第三节　声誉与威慑

在图 2.2 所示的博弈中，若 $f < d$，就意味着威慑主体的威胁是不可信的。在现实生活中，即使 $f < d$，威慑主体有时也能有效威慑挑战者。比如，当一个市场处于单个厂商垄断的局面时，由于垄断利润的存在，往往会吸引潜在的进入者。在位厂商为了维持垄断地位，经常会采取各种手段来威胁潜在的进入者。在这方面，我们既能找到威慑失败的案例，也能找到威慑成功的案例。

① 这一点是由该博弈特定的收益函数决定的，读者可仔细比较图 2.6 的博弈树中相应终节点下苏联的收益。

如何解释这种现象？有关重复博弈的理论可以帮助我们深入理解其背后的机理。

一、无限次重复的威慑博弈

冷战时期，美国与苏联在全球范围内对峙。两国都有自己广泛的盟友。我们可以设想，美国与苏联在全世界许多地方都面临着图 2.3 所示的博弈局势；不仅如此，由于两国长期处于对峙状态，即使在同一地区，不同时期也都面临着图 2.3 所示的博弈局势。这样，我们不妨假定图 2.3 只是两国在特定时间、特点地点所面临的阶段博弈局势，而这种阶段博弈在两国之间是无限次重复进行的。[①]

考察双方的如下策略组合：

美国的策略：

无论任何时间、任何地点，只要苏联发动了攻击，美国就立即予以反击。

（在非均衡路径上）当苏联发动攻击后，如果美国由于偶然的错误而没有反击，则在以后任何时间、任何地点面临苏联攻击的时候美国都不反击。

苏联的策略：

不发动攻击；

① 在时间上存在先后次序。为简洁起见，我们假定各方都有足够的耐心，即参与者将其在下一阶段博弈中获得的收益换算为当期收益时，以接近于 1 的贴现因子进行折现。

（在非均衡路径上）如果美国曾经在被攻击后没有反击，那么此后在任何时间、任何地点苏联就都采取攻击行动。

我们可以证明，双方的上述策略组合构成了这个无限次重复威慑博弈的一个子博弈完美纳什均衡。[①]

首先分析美国。

给定苏联采取上述策略，如果美国始终坚持自己的上述策略，那么苏联将始终不发动攻击，和平得以维持。美国在每个阶段博弈中获得的收益都是3。事实上，只要苏联不因疏忽而偏离既定策略发动攻击，美国就无须采取任何行动，当然也就不存在偏离既定策略的问题。

仍然给定苏联采取上述策略，但现在假设苏联意外地在某个时间、某个地点发动了攻击，如果美国采取既定策略，美国就会反击，当期获得的收益为-2；在美国反击之后，苏联按照既定策略将不攻击，故美国在以后各期获得的收益都是3。如果美国偏离既定策略而不予反击，美国当期获得的收益是1，但这就导致苏联依既定策略从此以后都进行攻击，美国随之依既定策略不予反击，美国在以后各期获得的收益都是1。两相

① 这里的证明利用了无限次重复博弈的子博弈完美纳什均衡的“一次偏离性质”，亦即，对于贴现因子小于1的无限次重复博弈而言，一个策略组合构成子博弈完美纳什均衡的充分必要条件是——任何参与者在任何信息集做一次偏离都是无利可图的，给定对手的策略不变，给定自己在其余各步都不偏离。关于“一次偏离性质”的这个命题可用动态规划法证明。

比较，美国坚持既定策略能获得更高的收益。

再假设苏联意外地在某个时间、某个地点偏离既定策略发起了攻击，而美国也意外地偏离既定策略没有反击。此后，苏联依既定策略将在今后每个阶段博弈中选择攻击。如果美国此后不偏离既定策略，美国今后就总选择不还击，每个阶段得到的收益为1；只要美国偏离既定策略选择还击，美国的收益就会下降为-2。因此，美国不会有动机偏离既定策略。

综上所述，从美国的角度看，其上述策略满足“一次偏离性质”的要求。

接着分析苏联。

给定美国采取上述策略，如果苏联始终坚持自己的上述策略，那么苏联将始终不发动攻击，和平得以维持。苏联在每个阶段博弈中获得的收益都是3。

如果苏联偏离既定策略而发起攻击，美国将依据既定策略予以反击，苏联在当期获得的收益为-2；此后苏联按照既定策略不攻击，苏联在此后各期获得的收益都是3。由此可见，苏联偏离既定策略率先发起攻击对于自己来说是有害无益的。

如果苏联不小心在某个时间、某个地点意外发动了攻击，而美国依据既定策略选择了反击。此后苏联有没有可能受激励（动机）偏离既定策略呢？若苏联不偏离既定策略，它能获得的收益为3；若苏联偏离既定策略而发动攻击，美国将依既定策略予以反击，苏联获得的收益为-2。而在以后各期，双方的既定策略组合带给苏联的收益都是 3。由此可见，即使苏联由于疏忽而意外地发起了攻击行动，苏联随后也没有动机偏离既定策略。

再来考虑苏联意外地在某个时间、某个地点偏离既定策略发起了攻击，而美国也意外地偏离既定策略没有反击这种情况。此后，如果苏联采取既定策略，今后将总是发动攻击，而美国依其既定策略则今后都不反击，所以苏联在今后各期都能获得 5 单位的收益；若苏联偏离既定策略而选择不攻击美国，则只能获得 3 单位的收益。所以，苏联也没有动机偏离既定策略。

综上所述，从苏联的角度看，其上述策略也满足“一次偏离性质”的要求。

由于双方的上述策略组合满足“一次偏离性质”要求，所以该策略组合构成了这个无限次重复威慑博弈的一个子博弈完美纳什均衡。[①]

从上面的分析可见，即使阶段博弈不存在有效威慑，如果同样的阶段博弈局势在两个主体之间无限次重复出现，那么，有效威慑仍然是可以实现的。

---

① 这并不意味着不存在其他的子博弈完美纳什均衡。比如，苏联在每个阶段都攻击，美国在每个阶段都不反击，这样的策略组合也是这个博弈的一个子博弈完美纳什均衡。事实上，任何满足个体理性且具有可行性的收益向量都可以由无限次重复博弈的特定子博弈完美纳什均衡而得到，这一命题就是著名的“无名氏定理”。

二、中心参与者与边缘参与者的威慑博弈

当然，苏联已于 1991 年解体，冷战早已结束。当今世界，美国是唯一的超级大国，在全球有广泛的利益存在。从博弈论的角度来看，美国在世界各地与众多不同的国家进行博弈。我们不妨站在美国的角度来思考这种博弈。在这种博弈里，美国是一个长期的、主要的参与者，它在不同地区与不同的对手博弈；考虑到国家的大小强弱和时间维度，美国与一些国家博弈的次数很少，与一些国家博弈的次数很多。[①]

我们不妨把这种博弈简化为在一个中心参与者（美国）与无数个边缘参与者（其他国家）之间的无限次博弈，其中，每个边缘参与者只与中心参与者博弈一次。美国与不同对手的博弈局势可以是不同的。只要美国与不同对手的博弈局势都与图 2.3 类似，即具备威慑博弈的基本特征但美国的威胁在阶段博弈（一次性博弈）中不可信，同时，美国的利益并不主要受到特定对手的影响，那么，美国就有激励建立强硬的声誉（即反击一切破坏现状的对手），而且这样的声誉确实可以成功地建立起来。美国采取上文中的策略，其他每个国家采取类似苏联的上述策略，这样的策略组合可以构成子博弈完美纳什均衡。论证过程类似前文但更加简单，在此不再赘述。

---

① 比如与中国这样被其视为战略对手的大国会进行许多次博弈。

近几年来，中美关系趋于紧张，美国视中国为其战略竞争对手，试图全面打压、遏制中国。在一系列事关中国核心利益的问题上，美国公然挑衅、对抗中国。在亚太地区尤其是中国周边，相关问题显然不涉及美国的核心利益，美国愿意不惜代价与中国发生冲突吗？美国的威胁可信度如何？上文的分析启示我们：在中美关于台湾问题以及东海、南海等问题的交锋中，我们不能简单地因为这些问题并不影响美国的核心利益就低估美国捍卫其立场的决心；有必要站在美国的角度，从美国在全世界与众多对手博弈的全局来看问题，以免低估与美国发生冲突的风险。

三、有限次重复的威慑博弈

如果威慑博弈仅仅重复有限次，结论就与无限次重复博弈大不一样了。在完全且完美信息的阶段博弈重复进行有限次的情况下，可以方便地运用逆向归纳法来分析整个重复博弈。若在单独的阶段博弈中不存在有效威慑，那么在整个重复博弈中也不会存在有效威胁；也就是说，在整个重复博弈的子博弈完美纳什均衡中，威慑主体在任何阶段都不会反击对手的攻击。

不过，如果阶段博弈本身是不完全信息博弈，即使这样的不完全信息博弈只重复进行有限次，有效威慑能够存在。

我们这里以美国对其他国家的威慑为背景，介绍戴维·克雷普斯（David M. Kreps）和罗伯特·威尔逊（Robert Wilson）

构建的模型及其结论①。

美国是当今世界唯一的超级大国，世界秩序在很大程度上是由美国塑造的。假设美国希望维持现行秩序，威慑任何潜在的对手不要向美国发起挑战。假设共有 N 个国家企图挑战美国。不妨将这些国家编号为 1，2，…，N。每个潜在的竞争对手都要与美国进行如图 2.7 所示的不完全信息博弈。在图中，$a > 1$，$0 < b < 1$。

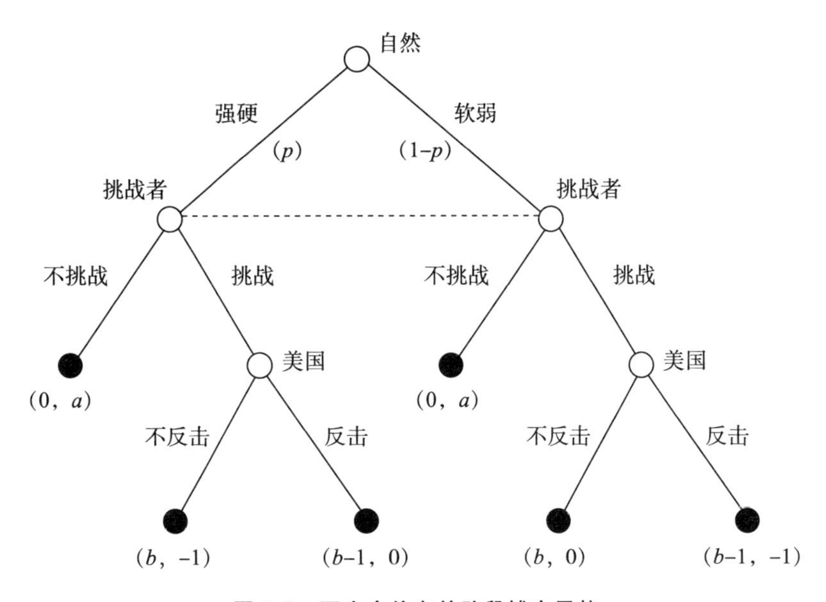

图 2.7　不完全信息的阶段博弈局势

美国既可能为强硬型，也可能为软弱型。当有国家挑战美国时，强硬型美国选择反击获得的收益高于不反击获得的收

---

① 参见 David M. Kreps and Robert Wilson, "Reputation and Imperfect Information," *Journal of Economic Theory*, Vol. 27, No. 2, 1982, pp. 253-279。

益，而软弱型美国选择反击获得的收益低于不反击获得的收益，恰如图 2.7 的博弈树所示。[1]

美国知道自己的类型，其他国家不知道美国的类型。在博弈开始之前，其他国家的先验信念是——美国属于强硬型的概率为 $\delta \in (0, 1)$。

依照编号从大到小的顺序，从 N 号国家开始，各个国家依次与美国进行如图 2.7 所示的博弈，直到 1 号国家与美国进行博弈之后，整个博弈结束。每个国家（包括美国在内）在轮到自己行动时都能观察到之前各国与美国博弈的历史，即知道之前行动的国家所采取的行动及所获得的阶段收益。因此，各个国家在行动时可以根据所观察到的博弈历史来更新自己对于美国所属类型的信念（即判断），并从该信念出发选择最优行动。

以上信息是所有国家的共同知识。

戴维·克雷普斯和罗伯特·威尔逊证明，这种不完全信息的有限次重复博弈存在一个序贯均衡[2]——在均衡路径中，即

---

① 强硬与软弱的分野既可能源于美国的实力强弱，也可能源于决策者特定的偏好，还可能源于国内的政治压力等。关键在于，其他国家与美国对这些方面的了解存在信息不对称问题。

② 序贯均衡的要求比精炼贝叶斯均衡更严格一些，尽管在很多博弈中这两个均衡概念是等价的。给定各参与者的策略组合，博弈抵达某些信息集的概率有可能为 0。为了能够在这样的信息集用贝叶斯法则为参与者生成信念，可以通过对参与者的策略施加微小的扰动而使得这些信息集被抵达的概率大于 0。再让扰动逼近 0（取极限）就可以得到参与者在该信息集的信念。这些信念随后再被运用于序贯理性的条件之中，以检验参与者的策略是否符合工具理性。由此得到的各参与者的策略、信念互相支持的策略组合和相应的信念就被称为序贯均衡。

使是软弱型的美国也会视情况而采取反击行动，而美国的潜在对手也会根据自己对于美国类型的判断来决定是否挑战美国。所以，威慑在一定程度上是有效的。

1. 信念

首先阐述各个国家对于美国属于强硬型的信念（概率判断）。

编号为 N①的国家首先与美国博弈。由于它行动时不存在博弈历史，它就保持先验信念，即 $p_N = \delta$。

从编号为 $N-1$ 的国家开始，它通过观察上一个国家的行动并按照如下规则更新信念：

（1）如果编号为 $n+1$ 的国家不挑战美国，那么更新信念为 $p_n = p_{n+1}$。

（2）如果编号为 $n+1$ 的国家挑战美国并且美国选择了反击，同时还满足 $p_{n+1} > 0$，那么更新信念为 $p_n = \max(b^n, p_{n+1})$。

（3）如果编号为 $n+1$ 的国家挑战美国，并且，要么美国没有反击，要么 $p_{n+1} = 0$，则更新信念为 $p_n = 0$。

2. 美国的均衡策略

（1）如果美国属于强硬型，就总是反击任何国家的挑战。

（2）如果美国属于软弱型，而编号为 n 的国家选择了挑战美国，美国按照如下规则做出反应：

① 1，2，…，N。N 是最大编号，n 可代表任一编号，以下为递推。

① 如果 $n=1$，美国就不反击。[①]

② 如果 $n>1$ 并且 $p_n \geqslant b^{n-1}$，美国就选择反击。

③ 如果 $n>1$ 并且 $p_n < b^{n-1}$，美国就以概率 $\frac{(1-b^{n-1})p_n}{(1-p_n)b^{n-1}}$ 选择反击。

显然，依据上述反应规则，当 $p_n=0$ 时，美国不反击。

3. 其他国家的均衡策略

(1) 如果 $p_n > b^n$，编号为 n 的国家不挑战美国。

(2) 如果 $p_n < b^n$，编号为 n 的国家挑战美国。

(3) 如果 $p_n = b^n$，编号为 n 的国家就以概率 $\left(1-\frac{1}{a}\right)$ 挑战美国。

他们证明，上述信念及策略组合构成整个不完全信息有限次重复博弈的序贯均衡。

在本节中，我们分析了三种重复博弈模型。如果阶段博弈是完全信息博弈且不存在有效威慑，那么，在有限次重复博弈中，即使威慑主体基于长远利益试图在博弈的早期阶段建立起强硬的声誉，这也是不可能做到的，因为在参与者的理性共识之下，威慑主体的报复威胁是不可信的。在无限次重复博弈中，威慑主体可以建立起强硬的声誉，从而形成有效的威胁。

---

① 这是整个博弈的最后一个阶段，美国当然无须再考虑声誉。

如果阶段博弈是不完全信息博弈，即使博弈重复的次数只是有限次，威慑主体也有可能建立起强硬的声誉从而有效威慑挑战者，只是这种威慑仅在一定程度上有效。

特别需要指出的是，我们在不完全信息重复博弈中所说的声誉与完全信息重复博弈中的声誉在本质上是有差异的。在不完全信息重复博弈中，威慑主体本身分为强硬型和软弱型两种类型，强硬型威慑主体对挑战者发出的报复威胁本身在阶段博弈中就是可信的，他有激励让对手了解自己的真实类型以建立并维护强硬的声誉；软弱型威慑主体对挑战者发出的报复威胁本身在阶段博弈中是不可信的，他有激励伪装成强硬型以威慑对手。在完全信息重复博弈中，威慑主体基于报复的威胁而谋求建立强硬的声誉，但他对挑战者发出的报复威胁本身在阶段博弈中是不可信的。

第四节　相互威慑

前三节讨论的威慑都是单边威慑，即一方有激励采取特定的行动改变现状，以增进自身利益；但另一方认为对手这种改变现状的行动有损自己的利益，故借采取报复行动相威胁以阻止对手改变现状。我们将有激励改变现状的那方称为挑战者，而将不愿意挑战者改变现状的这方称为威慑主体。

现实世界中，经常存在双方都有激励改变现状的情形。

我们来看冷战时期超级大国之间的核威慑。原子弹及后来氢弹的出现，在人类社会的军事冲突历史上具有划时代的意义。在20世纪60年代，美国和苏联都建立起庞大的核武库，任何一方拥有的核武器都足以把对方毁灭多次。但是，直到苏联解体，数十年间，两个超级大国尽管一直进行着激烈的斗争，却始终没有发生直接的军事冲突。

一种理论解释就是所谓基于“相互确保毁灭”（Mutual Assured Destruction，MAD）的恐怖均衡。双方不仅拥有庞大的核武库，而且兼有陆基、潜艇和飞机等多种投送核武器的途径，这就使得双方都拥有足以摧毁对手的“二次打击能力”。也就是说，即使遭到对手先发制人的核打击，另一方仍然拥有生存下来的核力量，足以反击并毁灭对手。这样一来，有效威慑的五个条件都能满足，每一方发出的核报复威胁都是可信的，从而形成了“相互确保毁灭”的威慑均衡。

特别值得指出的一点是，由于核武器的巨大破坏性，核战争的可怕后果（收益函数）是双方的共同知识，这与传统战争大不相同。传统战争结局的不确定性很高，双方对于战争胜负及代价高低的认识往往相去甚远，所以基于常规军事力量难以形成有效的相互威慑。

即使双方都拥有核武器，如果双方核力量悬殊，一方拥有二次打击能力，但另一方缺乏二次打击能力，那么也不能构成相互威慑的均衡。原因在于，如果前者向后者发动先发制人的核打击，后者就完全被摧毁了，根本没有还击能力。这样，前者能够有效威慑后者，但后者不能有效威慑前者，体现了不对称的威慑态势。

考虑两个主体之间的重复博弈，假设阶段博弈局势如表2.2所示。

表2.2　阶段博弈

		乙	
		A	B
甲	A	a，b	c，d
	B	e，f	g，h

假定$g < a < e$，$h < b < d$。

如果现状为行动组合（A，A），可以设想双方就此达成了一个君子协议，甲、乙的收益分别为a和b。显然，每一方都有动机单方面背离协议。问题在于，如果双方都背离了协议，双方的收益反而低于维持现状的收益。因此，设法避免行动组合（B，B）的出现符合双方的共同利益。

如果进一步还有$c < g$和$f < h$，这就是典型的囚徒困境问题。此时（B，B）为阶段博弈的唯一纳什均衡，而且是占优策略均衡，但非均衡的行动组合（A，A）帕累托优于行动组合（B，B）。此时，每一方都有激励威慑对方不要偏离现状，尽管在对手不偏离的情况下自己存在偏离的动机。当阶段博弈局势在参与者之间无限次重复出现的时候，每个参与者采用冷酷触

发策略[①]可以构成子博弈完美纳什均衡，此时，参与者之间的相互威慑是有效的，阶段博弈的合作行动组合（A，A）可以在每个阶段出现。

反之，如果进一步还有$g < c < d$，$h < f < e$，这本质上就是所谓懦夫博弈[②]，存在两个纯策略均衡（B，A）和（A，B）。此时，每个参与者都希望出现有利于自己的那个均衡状态。

不妨看表2.3所示的阶段博弈局势，假设双方重复进行10次博弈。

表2.3　阶段博弈

		乙	
		A	B
甲	A	6，6	2，7
	B	7，2	0，0

这是一个懦夫博弈局势，纳什均衡（B，A）有利于甲，纳什均衡（A，B）有利于乙。此外，还存在一个对称的混合策略纳什均衡——每个参与者以2/3的概率选择A，以1/3的概率选择B，我们不妨将阶段博弈的这个特定的混合策略简记为p^*。

---

① 所谓冷酷触发策略，由两部分内容组成：（1）基本行动方针——在整个博弈的每个阶段都采取合作行动A；（2）惩罚的威胁——一旦观察到在博弈的历史上任何参与者（包括己方）采取了背叛行动B，自己从此以后在任何阶段就永远采取背叛行动B。

② 在通常的懦夫博弈中，一般给定$g = h \leqslant a = b < d = e$，且$g = h < c = f < d = e$，此时存在纯策略纳什均衡（$B$，$A$）和（$A$，$B$）。每个纳什均衡只对其中一个参与者更有利，但非纳什均衡状态（B，B）更糟糕。

实际上，策略组合（A，A）是一个合作共赢的结果，但由于它不是纳什均衡，在一次性博弈中几乎不可能出现。

即使这个阶段博弈只重复进行有限次，我们也能构造这样的子博弈完美纳什均衡——在均衡路径上，参与者能够进行很多次的合作，足以让他们各自在博弈中获得的（各阶段）平均收益接近6。

设想每个参与者采取相同的策略，而且这个策略都由两部分内容组成：

> （1）基本行动计划
>
> 在前八个阶段，都选择 A；在最后两个阶段，采用阶段博弈的混合策略 p^*。
>
> （2）报复威胁计划
>
> 在前面八个阶段，一旦发现对手率先选择了 B，自己随后就选择 B 报复对手，并一直坚持报复，直至博弈结束。
>
> 在前面八个阶段，一旦自己不小心率先触发了对手的报复条件，随后就始终选择 A 接受对手的惩罚，直至博弈结束。
>
> 如果双方同时选择了 B，视为甲率先选择了 B 的情况来处理。

借助子博弈完美纳什均衡的一次偏离性质，容易验证，双方都采取上述策略能构成子博弈完美纳什均衡。[1]

这样，即使双方重复互动的次数有限，只要双方能找到可靠的惩罚手段来威慑对手，就能够建立起基于相互威慑的合作均衡状态。

---

① 当然，也可以构造其他的子博弈完美纳什均衡。在两人有限次重复博弈中，如果阶段博弈存在两个纳什均衡，而且每个参与者在这两个均衡中的收益不同，我们就能够构造出一系列体现双方不同程度合作的子博弈完美纳什均衡，这正是所谓两人有限次重复博弈的子博弈完美无名氏定理的基本含义。可以与重复囚徒困境博弈做比较：由于阶段博弈只有唯一的纳什均衡，在完全信息的有限次重复囚徒困境博弈中不可能出现任何合作行为。

第三章　胁迫的博弈分析

善战者，致人而不致于人。[①]

——孙武

将大威胁分解为一系列小威胁，开启一个随时间流逝愈益严厉的惩罚进程。如果以暴力手段夺其性命的威胁不可信的话，断绝食物供应或许就能让其屈服。[②]

——托马斯·谢林

第一节　胁迫的原理

一、胁迫的概念

在有关战略研究的学术文献中，“胁迫”一词译自“coercion”，对应的动词是“coerce”，其基本用法为“coerce sb (into

① 李零:《孙子译注》，中华书局 2007 年版，第 39 页。

② Thomas C. Schelling, *The Strategy of Conflict*, Cambridge, MA: Harvard University Press, 1980, p. 42.

sth/doing sth）”，含义是“强制或胁迫某人做某事”[①]。胁迫与威慑的相似之处在于主体对目标对象的暴力或暴力威胁的运用，但两者的意图截然相反——威慑着眼于阻止目标对象做他本来想做的事，从而维持现状，而胁迫则着眼于强制目标对象做他本来不想做的事从而改变现状。当然，无论是威慑还是胁迫，根本出发点都是基于主体自身利益的考虑。

二、有效胁迫的条件

有效的胁迫应至少满足如下六个条件：

第一，胁迫主体在目标对象行动之前有率先行动的机会，其不同行动能够在一定程度上改变后续的博弈规则（包括收益函数）。

第二，胁迫主体必须有足够的实力或适当的手段采取胁迫行动。胁迫行动给目标对象造成的损失或风险很大，足以使目标对象从其自身利益出发选择服从优于抗拒。

第三，一旦目标对象不服从，胁迫主体必须有机会（时间）实施惩罚。

第四，胁迫主体发出的惩罚威胁必须是可信的。换言之，当目标对象拒不服从时，胁迫主体实施惩罚应比放弃惩罚更符合自己的利益。

---

① 〔英〕霍恩比：《牛津高阶英汉双解词典（第四版）》，李北达译，商务印书馆1997年版，第262页。

第五，目标对象是理性的，能明确无误地收到并理解胁迫主体发出的胁迫指令。

第六，胁迫主体和目标对象对于各种情境下的利益得失（即收益函数）应具有相容的信念。[①]

三、胁迫示例

考虑图 3.1 所示的博弈。

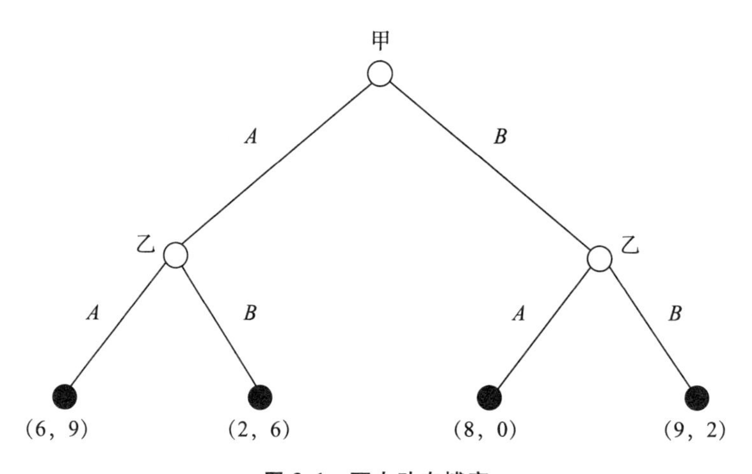

图 3.1　两人动态博弈

在这个博弈中，如果甲选择了 B，那么乙也会选择 B，此时甲能获得 9 单位的收益；如果甲选择了 A，那么乙也会选择 A，此时甲能获得 6 单位的收益。显然，甲在博弈开始时会选择 B（因 $9>6$），乙随后选择 B，这是该博弈的子博弈完美纳什均衡路径，甲、乙获得的收益分别是 9 和 2。

---

① 此处所谓“相容的信念”也是指各个参与者的信念不能互相矛盾。

在这个博弈中，尽管甲选择 A 更符合乙的利益，但乙没有办法胁迫甲选择 A。

现在假设，在甲行动之前，乙向甲发出威胁——甲必须选择 A；否则，一旦甲选择了 B，乙将采取一项报复措施，该措施能够造成甲、乙各自遭受 4 单位的损失。我们假设乙确实存在这样一个行动机会，那么乙的这一威胁能否奏效呢？回答是否定的。基于理性共识，甲可以推断即使自己选择了 B，乙届时也不会把这项报复措施付诸实施。

现在考虑另一种可能性。假设在轮到甲行动之前，乙就可以实施这项报复措施，这相当于乙有机会事先对博弈的某一部分进行改变。这样，整个博弈局势如图 3.2 所示，博弈终节点上标示的收益值依次对应甲和乙。

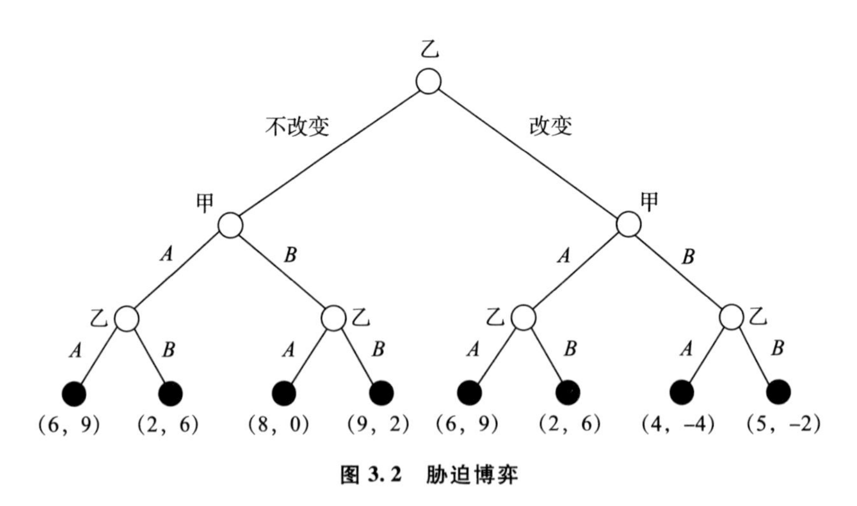

图 3.2　胁迫博弈

在这个更大的博弈中，如果乙首先选择改变博弈，甲就会发现自己的最优反应是随后选择 A。这样，乙随后也会选择 A，甲获得的收益是 6。否则，若甲选择 B，则乙也会选择 B，甲就只能获得 5 单位的收益。这样看来，乙就达到了成功胁迫甲选择 A 的目的。

这个例子启示我们，成功的胁迫往往需要胁迫者有能力对博弈的部分规则（包括参与者的收益函数）进行有目的的改变，而且有机会在对手行动之前就实施这样的改变。因此，有效的胁迫并不一定要求胁迫主体的实力强于对手。由于理性主体的行为选择取决于其对不同选择情景下自身利益的权衡，胁迫主体只要能够成功改变对手对于不同情景下利益大小的预期，即可改变对方的行为，从而实现有效胁迫。

第二节　不完全信息下的胁迫

1962 年发生的古巴导弹危机是有关胁迫问题的一个著名案例。这年夏末秋初，苏联开始在古巴部署中程弹道导弹，这些导弹最远射程达到 2200 英里①，能够打击美国大多数主要城市和军事设施。倘若成功完成部署，将大大提高苏联攻击美国的能力。美国政府试图胁迫苏联从古巴撤出导弹，为此采取边缘政策步步紧逼——如果苏联拒不撤出导弹，有可能最终引发两个超级大国之间的一场核战争。

---

① 1 英里≈1.61 千米。

阿维纳什·迪克西特等人以古巴导弹危机为例，通过构建博弈模型详细分析了边缘政策的机理、设计及实施。[1] 他们的研究可分为两部分：前一部分分析不完全信息下的胁迫，后一部分分析不确定情况下的胁迫。[2] 他们的前一部分分析是正确的，但后一部分的分析是错误的。

我们将详细介绍阿维纳什·迪克西特等人关于古巴导弹危机的博弈模型及分析。本节介绍他们的前一部分研究，下节介绍并剖析他们的后一部分研究。

阿维纳什·迪克西特等人假设苏联既可能是强硬型的，也可能是软弱型的；强硬型的苏联宁可与美国进行核战争也不愿从古巴撤出导弹，软弱型的苏联则反之。两种类型之间的差异可以通过苏联是否与美国进行核战争所得到的收益大小差异来刻画。苏联清楚自己的类型，但美国不清楚苏联的类型，所以双方存在信息不对称问题。假设苏联属于强硬型的概率为 p，属于软弱型的概率为 $1-p$。

为了胁迫苏联从古巴撤出导弹，美国向苏联发出军事威胁。

---

① 参见 Avinash K. Dixit, et al., *Games of Strategy*, 4th ed., New York: W. W. Norton & Company, Inc., 2015, pp. 559-584。

② 在不完全信息的情形下，“状态”虽然不是所有参与者的共同知识，但其概率分布是已知的；在不确定情形下，“状态”不仅不是所有参与者的共同知识，而且其概率分布也是未知的。不过，本书下一节所讨论的不确定性情况比较特殊——尽管美国不了解苏联类型的概率分布，但该概率分布函数的参数的概率分布是已知的。

一、简单威胁

首先考虑一种简单的威胁——如果苏联不撤出导弹，美国就发动核战争。他们将基于这种简单威胁的博弈局势用图 3.3 所示的博弈树来刻画：

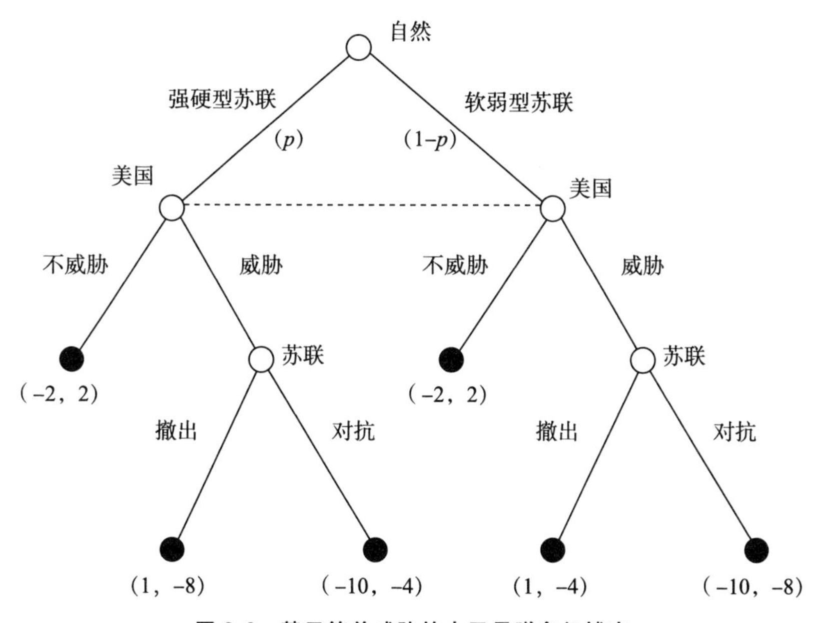

图 3.3　基于简单威胁的古巴导弹危机博弈

资料来源：Avinash K. Dixit, et al., *Games of Strategy*, 4th ed., New York: W. W. Norton & Company, Inc., 2015, p. 574, Figure 14.3.

我们采用逆向归纳法分析。如果美国威胁苏联，强硬型的苏联将选择对抗（因 $-4 > -8$），而软弱型的苏联将撤出导弹（因 $-8 < -4$）。预见到苏联的反应，美国可以计算出选择威胁

时获得的预期收益：[①]

$$E[U_1(threaten)] = -10p + (1-p) = 1 - 11p$$

而美国选择不威胁时获得的收益为-2，所以美国选择威胁的条件为

$$1 - 11p > -2$$

即

$$p < \frac{3}{11} \tag{3.1}$$

可见，只有当美国认为苏联属于强硬型的概率低于3/11时，美国以发动核战争相威胁才优于不威胁；否则，发动核战争的威胁对于美国而言代价太大，美国宁可不发出威胁。

实际上，肯尼迪总统对苏联类型的估计是 $p \in \left[\frac{1}{3}, \frac{1}{2}\right]$。这就意味着，发动核战争的简单威胁不符合美国自身的利益。

二、概率威胁

如果无条件的核战争威胁风险太大以至于自己也不能接受，并且也找不到其他相对较小的威胁，那么可以考虑概率威胁，即创造一种当对方不屈服时将发生核战争的可能性而非必然性。

现在假设美国采取概率威胁——若苏联不撤出导弹，核战

① 我们用下标1表示美国，2表示苏联。

争将以概率 q 发生，而美国放弃战争并接受苏联在古巴部署导弹的概率则为 $(1-q)$。值得强调的是，当博弈进行到苏联对抗美国的时候，美国不能决定战争是否发生，这是概率威胁的关键。基于这种概率威胁的博弈局势可用图 3.4 所示的博弈树来刻画：

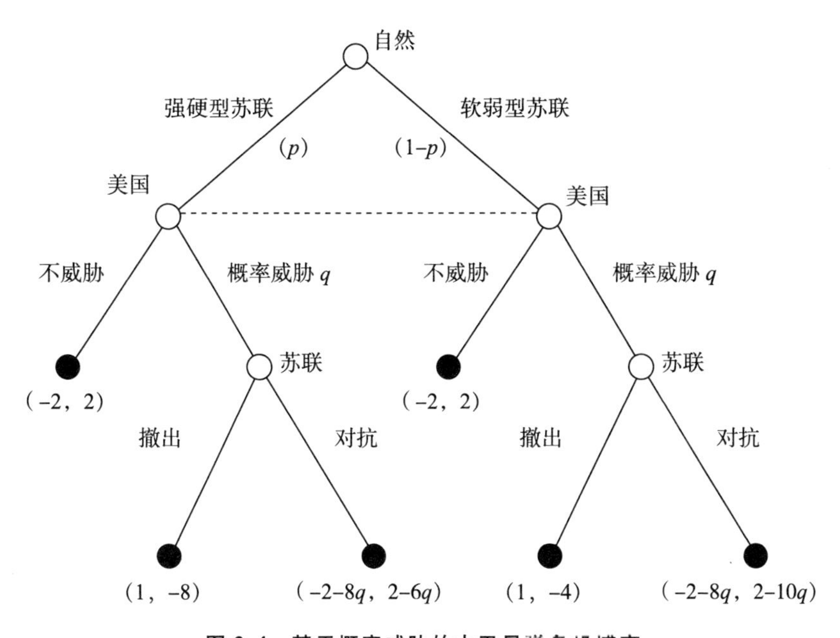

图 3.4　基于概率威胁的古巴导弹危机博弈

资料来源：Avinash K. Dixit, et al., *Games of Strategy* , 4th ed., New York: W. W. Norton & Company, Inc., 2015, p. 577, Figure 14.4.

在美国采取概率威胁的情形下，一旦苏联对抗，可以计算出双方的预期收益，标记在相应的终节点上，如图 3.4 所示。

显然，如果美国发出概率威胁，强硬型的苏联一定会选择对抗，而软弱型的苏联则不一定选择对抗。软弱型苏联撤出导

弹的条件是

$$2 - 10q < -4$$

即

$$q > 0.6 \tag{3.2}$$

这意味着，若要能够成功胁迫软弱型苏联撤出导弹，美国必须以超过0.6的概率发动战争相威胁。阿维纳什·迪克西特等人称式（3.2）为“有效条件”（effectiveness condition）。

如果 q 满足有效条件，软弱型苏联会屈服。这样，当美国发出概率威胁（以 q 表示）时，美国的预期收益为

$$E[U_1(q)] = p(-2 - 8q) + (1 - p) = -8pq - 3p + 1$$

当美国不发出威胁时，其收益为-2。

因此，美国发出威胁的条件为

$$-8pq - 3p + 1 > -2$$

即

$$q < \frac{3}{8}\frac{(1 - p)}{p} \tag{3.3}$$

阿维纳什·迪克西特等人称式（3.3）为“可接受条件”（acceptability condition）。

到这一步为止，他们的分析都是正确的。但是他们的后续分析则是错误的。

他们将有效条件和可接受条件绘制在直角坐标系中，如图3.5所示。

在图 3.5 中，位于水平线 $q = 0.6$ 上方，同时位于双曲线 $q = \frac{3}{8}\frac{(1-p)}{p}$ 下方的区域，即左上方深色阴影区域，同时满足有效条件和可接受条件。

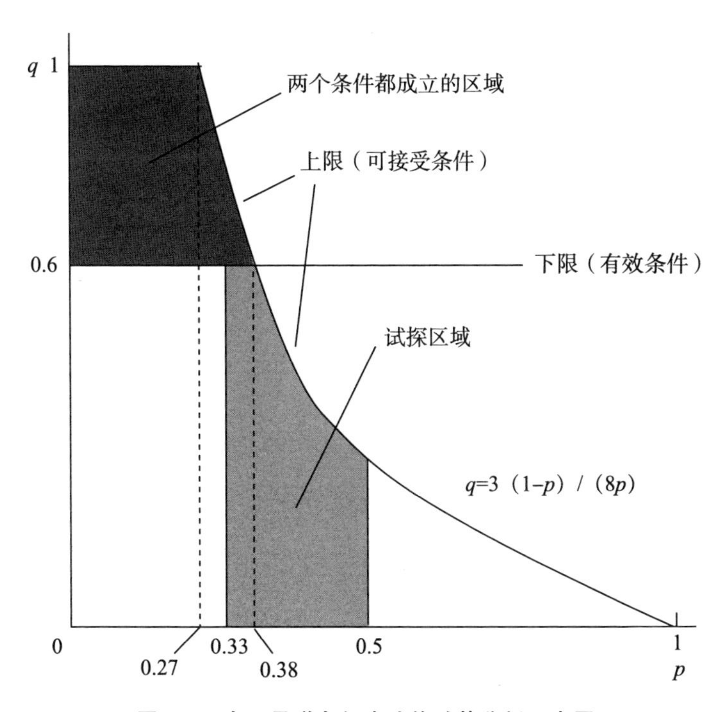

图 3.5　古巴导弹危机中边缘政策分析示意图

资料来源：Avinash K. Dixit, et al., *Games of Strategy*, 4th ed., New York: W. W. Norton & Company, Inc., 2015, p. 579, Figure 14.5.

如果美国知道 p 的值，即了解苏联类型的概率分布，美国要么就直接以最优的概率威胁来胁迫苏联，要么就不威胁苏联而接受其在古巴部署导弹的事实。比如，若已知 $p = 0.35$，美国就会选择 $q = 0.6 + \varepsilon$（其中 ε 为正且趋近于 0）的概率威胁，这样，既能成功胁迫苏联，又能尽可能提高美国的收益。[①] 若已知 $p = 0.4$，美国就会选择不威胁苏联。

第三节　不确定情形下的胁迫

一、边缘政策的思想

2005 年，瑞典皇家科学院授予托马斯·谢林诺贝尔经济学奖，以表彰他在增进人们对于合作和冲突问题的理解方面做出的贡献。谢林的代表作是《冲突的战略》，他在书中提出的最重要的思想是关于可信承诺（Credible Commitment）在冲突及谈判过程中的重要作用。他指出："战略威慑的一个显著特征是，实施惩罚性行为——如果威胁失败或是必须实施时——对双方而言都是一个代价高昂、棘手的过程。"[②]

为了使对手屈服（无论是出于威慑还是出于胁迫），威胁必须既有力又可信。所谓有力，是指惩罚力度必须大到足以使对手因不屈服而得不偿失；所谓可信，是指惩罚行为对威慑或胁迫主体自身的损害必须低于自己因对手屈服而获得的收益。在很多场合，惩罚行为往往同时伤害双方，所以惩罚力度的

① 注意，在软弱型苏联屈服的前提下，q 越低，美国的预期收益越高。

② Thomas C. Schelling, *The Strategy of Conflict*, Cambridge, MA: Harvard University Press, 1980, p. 175.

拿捏就非常重要，否则，无论是威慑还是胁迫就难免以失败收场。[①]

有时候，适度的惩罚行为根本就不存在。有些惩罚行为尽管有力，却往往因为后果过于严重而不可信。此时，以一定的概率实施这类严厉惩罚就有可能满足有力且可信的要求。问题在于，现实世界往往存在信息不对称的问题，到底多大力度的惩罚行为才能让对手屈服？威慑或胁迫主体并不知道这个问题的准确答案，这给惩罚力度的选择带来了困难。

托马斯·谢林在《冲突的战略》中提出了著名的“边缘政策”（Brinkmanship）：

> 本书的观点涉及“边缘政策”的定义和“战争边缘”（Brink of War）的概念。按照本书的观点，这里的边缘并非如悬崖绝壁那样，一个人可以牢稳地站在上面四处张望，冷静地决定是否跳下去。这里的边缘带有一个曲滑的斜面，一个人站在上面，一不小心就有掉下去的危险；距离边缘越近，就越危险，掉下悬崖的可能性就越大。但是，无论是站在悬崖上的人还是旁观者都不知道危险究竟有多大，也不知道愈靠近边缘时，危险大到什么程度。实施边缘政策并非意味

① 以家长对小孩的威慑为例，如果惩罚的力度很小，小孩不会在乎；如果惩罚的力度过大，比如家长发出威胁——一旦发现小孩玩电子游戏就逐出家门，这样的威胁将因过于严厉而不可信。除非小孩很单纯，但这样的小孩显然远没有达到理性人的要求。

> 着，一方为了威胁围攻自己的对手而故意不断接近边缘，从而当自己想跳下去时，别人无法阻止。边缘政策意味着一方不断接近边缘，从而可能与对手同归于尽，即使自己想自救也为时已晚。
>
> 由此可见，边缘政策是人为制造的战争风险，而且一旦出现就必然失控。边缘政策是一方人为造成形势失控的策略，因为只有形势失控才能迫使对手屈服。这意味着通过故意将对手拖入共同的风险之中，达到侵扰和恐吓对手的目的；或者威慑对手，如果其做出侵扰我方的行为，我方就拉他一起滑落危险的深渊，不管我方愿意还是不愿意。[1]

一方面，边缘政策创造了一种与对手共同承担的风险，即让大的灾难以某种概率发生；另一方面，由于边缘政策的实施主体并不清楚多大程度的风险才可以让对手屈服，所以不断提高风险。这种风险的突出特征是“受控的失控”（Controlled Lack of Control）：所谓失控，是指边缘政策的实施主体并不能决定灾难是否发生；所谓受控，是指边缘政策的实施主体可以控制灾难发生的概率大小。

初看起来，边缘政策的思想灵巧而实用，适于应付不确定情形下的威慑与胁迫。由于谢林的研究工作仅仅限于文字叙

---

① Thomas C. Schelling, *The Strategy of Conflict*, Cambridge, MA: Harvard University Press, 1980, pp. 199-200.

述，而不是通过构建规范的博弈模型进行严密的逻辑推理，他有关边缘政策的分析并不严谨，结论也有待斟酌。

事实上，从创造随机性来减少原本过于严重的惩罚行为的预期后果这方面来讲，边缘政策有其合理的一面；从采取逐步加大风险的方式来胁迫对手这方面来说，边缘政策存在逻辑上的问题。

二、边缘政策分析

在上一节关于古巴导弹危机的概率威胁博弈中，如果美国不知道 p 的值，即不知道苏联类型的概率分布，阿维纳什·迪克西特等人认为边缘政策就有了用武之地。他们将图 3.5 中右下方阴影区域定义为试探区域，美国可以从这个区域的底部开始，即从一个“十分安全”的行动，比如从 $q = 0.01$ 开始；逐步提高 q 的取值，即逐步加大风险（所谓受控的失控）。随着试探行动逐步上移，q 必将触及试探区域的上沿：如果触及了水平线 $q = 0.6$ 而进入左上方的阴影区域，软弱型苏联会屈服；如果触及了双曲线 $q = \frac{3}{8}\frac{(1-p)}{p}$，美国会发现风险已超出己方愿意承担的程度，美国会决定退让（即放弃威胁）。

但是，阿维纳什·迪克西特等人在这里的分析明显是错误的。可接受条件的推导是以有效条件（$q > 0.6$）为前提的。如果美国发出的概率威胁（以 q 表示）不满足有效条件，软弱型

的苏联也一定会选择对抗。这样，当美国发出概率威胁时，其预期收益为

$$E[U_1(q)] = -2 - 8q < -2$$

显然，美国宁可不发出任何威胁。这意味着，美国在上述所谓试探区域的任何试探都是无效而危险的。[①]

如果苏联并不知道美国将采取这种不断提高风险的边缘政策，根据上面的分析，只要 $q \leqslant 0.6$，美国就会不断提高 q 进行试探，而苏联并不会屈服。这些试探毫无意义，但不仅造成真实的核战争风险而且在不断提高这种风险。这不仅违背美国自身的利益，而且实际累积的战争风险非常高。假设苏联实际上是软弱型的。设想美国从 $q = 0.1$ 开始逐步提高到 $q = 0.5$，试探五次，每次将 q 提高 0.1。由于软弱型的苏联每次也会选择对抗，事前看来，美国的这种边缘政策导致核战争爆发的概率为

$$1 - (1 - 0.1)(1 - 0.2)(1 - 0.3)(1 - 0.4)(1 - 0.5) = 0.85$$

这一边缘政策完全不可能让对手屈服，蕴藏的风险却远远超过有效条件中的概率（0.6）。只要美国是理性的，它就不应当采取这种边缘政策。

如果苏联知道美国将采取这种不断提高风险的边缘政策，而且这是双方的共同知识（比如美国政府向苏联宣布了这一政策），假设美国只是以微小的幅度逐渐增加风险，那么双方在

① 既然任何类型的苏联都会选择对抗，只要美国进行任何程度的战争威胁，战争发生的概率就为正，而这不符合美国的利益。

博弈开始之前就都会预见——美国的边缘政策中实际蕴藏的战争风险会从低到高逐渐上升。由于美国不知道 p 的取值，美国也就不清楚自己能够接受的概率威慑 q 的上限在哪里。只要美国的威胁是一个持续的过程而非一步到位取 $q = 0.6 + \varepsilon$（其中 ε 为正且趋近于0），这种持续的威胁（在到达 $q = 0.6$ 之前）就是危险而无效的。只要 $q < 0.6$，软弱型的苏联也不会屈服，而美国自身却可能无法承受相应的风险。美国可能寄希望于，在推行边缘政策的过程中能够根据苏联的反应来更准确地判断其类型（p），进而决定是否继续推进边缘政策。如果双方都是理性的且具有理性共识，苏联的反应不可能透漏任何足以让美国形成有利于自身利益的判断（比如 $p < 0.38$）的信息。这样，边缘政策是美国的劣策略，既无效又危险。

事实上，一步到位的威胁，即选择 $q = 0.6 + \varepsilon$（其中 ε 为正且趋近于0）的概率威胁，优于边缘政策。

现在分析美国是否采取这种一步到位的威胁来胁迫苏联。

当 $p < \frac{5}{13}$ 时，这种概率威胁既能成功胁迫软弱型苏联，又在美国可承受的风险范围内；当 $p > \frac{5}{13}$ 时，这种概率威胁虽能成功胁迫软弱型苏联，但已超过美国可承受的风险范围。[①]

美国采取概率威胁 $q = 0.6 + \varepsilon$（其中 ε 为正且趋近于0）获

① 在水平线 $q = 0.6$ 与双曲线 $q = \frac{3}{8}\frac{(1-p)}{p}$ 的交点处，$p = \frac{5}{13}$，即0.3846。

得的预期收益为

$$E[U_1(q)|p]=p(-2-8q)+(1-p)=-8pq-3p+1$$
$$=1-7.8p$$

美国认为苏联的类型 $p\in\left[\frac{1}{3},\frac{1}{2}\right]$，不妨假设 p 在该区间服从均匀分布。这样，美国采取概率威胁的期望收益就是

$$E\{E[U_1(q)|p]\}=6\int_{\frac{1}{3}}^{\frac{1}{2}}(1-7.8x)\mathrm{d}x=6(x-3.9x^2)\Big|_{\frac{1}{3}}^{\frac{1}{2}}$$
$$=-2.25<-2$$

由于概率威胁政策的期望收益低于不威胁的收益（-2），所以，理性的美国不会对苏联发出战争威胁。美国更不应当采取边缘政策。如果美国采取边缘政策，那就是不理性的；如果美国仅仅宣布采取边缘政策，那是不可信的。

如果双方具有理性共识，美国应当怎么办呢？在这个博弈模型的设定中，在肯尼迪总统对苏联类型的估计为 $p\in\left[\frac{1}{3},\frac{1}{2}\right]$ 的前提下，美国别无他法，只能放弃威胁苏联，任由其在古巴部署导弹。

尽管历史事实是美国成功胁迫苏联撤出了导弹，这并不能作为质疑我们上述分析和结论的依据。一种可能性是双方不具有理性共识；另一种可能性是美国尽管错误地采取了边

缘政策来胁迫苏联，但幸运的是，苏联屈服了，核战争没有爆发。

综上所述，我们对于古巴导弹危机博弈模型的分析表明，边缘政策经不起博弈论的严密逻辑推理，它是一种无效而危险的胁迫战略。在完全信息或不完全信息的条件下，根本不需要边缘政策；在不确定情形下，采用边缘政策仍然有害无益。当然，是否能够构建出其他的博弈模型来说明边缘政策在特定的环境下确实合理，这有待进一步的研究。

第四节　美国对华胁迫——一种博弈分析

早在二十多年前，美国著名战略理论家、前总统国家安全事务助理兹比格纽·布热津斯基就清晰地阐述了美国的战略：

> 霸权像人类一样古老。美国当前在全球处于至高无上的地位…… 美国政策的最终目标应该是善良的和有眼光的；但与此同时，在欧亚大陆上不出现能够统治欧亚大陆从而也能够挑战美国的挑战者，也是绝对必要的…… 正是在欧亚大陆这个全球最重要的竞赛场上，美国的一个潜在对手可能在某一天崛起……
>
> …………
>
> 为此需要采取两个基本步骤：首先，认明在地缘战略方面有活力和有能力引起国际力量分配发生潜

在重要变化的欧亚国家，并弄清它们各自的政治精英的基本对外政策目标，以及谋求这些目标可能造成的后果…… 第二，制定美国的具体政策，抗衡上述国家的影响，有选择地吸收它们加入联盟和/或控制它们。[①]

近年来，随着中国的发展，美国为了维护其世界霸权，迅速加强了对中国的围堵和遏制，中国面临的安全形势日益严峻。以南海问题为例，美国政府频频派舰队到南海宣示所谓的“航行自由”并进行军事演习。2020 年 7 月 13 日，美国国务院发布了一份针对南海问题的声明，首次公开否认中国的主张，不承认中国对南海的主权。[②]

在南海问题上，美国有可能以军事行动相威胁，胁迫中国撤走部署在南海岛礁上的军事设施和军事人员，而这就有可能直接引发中美之间的军事冲突。中美之间发生军事冲突的可能性并不能完全排除。在此背景下，以博弈论为工具，客观、理性地分析中美潜在的军事冲突，具有重要的现实意义。

---

① 〔美〕兹比格纽·布热津斯基：《大棋局：美国的首要地位及其地缘战略》，中国国际问题研究所译，上海人民出版社 2007 年版，第 2—3、33—34 页。

② “U. S. Position on Maritime Claims in the South China Sea,” July 13，2020，https：//2017-2021. state. gov/u-s-position-on-maritime-claims-in-the-south-china-sea/index. html，2021 年 4 月 5 日访问。

一、中美战争的后果预估[①]

2016 年，美国兰德公司的戴维·贡佩尔（David C. Gompert）等人曾经发布一份百余页的长篇研究报告，对于中美之间一旦发生战争的后果进行了详细的预估。

在排除了核战争的可能性之后，该报告将中美之间的战争区分为低强度和高强度两种类型。低强度意味着对战争手段严格控制，包括军队的授权，武器的使用，打击的目标、地域和节奏。该报告认为，“由于中美两国都有能力进行激烈的战争，所以，如果战争是低强度的，那就意味着交战双方共同控制战争，缺乏任何一方都将无法实现目标”。高强度则意味着每一方都可以无限制地使用各种激烈手段（核武器除外），通过摧毁对方军队来获得决定性的优势。“低强度与高强度冲突的关键区别是：美军只是在战争后期，而不是前期，攻击中国内地的目标。由于中国不可能在内陆受到攻击时乞求和平，因而这样的行为只会延续激烈的战争。”

该报告假设中美间的战争将会是高科技条件下局部的常规战争，它将主要在水面及水下、空中（使用战机、无人机和导弹）、太空以及网络空间这四大领域展开。由于中国与美国在

---

① 这部分内容主要参考 David C. Gompert, et al., *War with China: Thinking through the Unthinkable*, https://www.rand.org/pubs/research_reports/RR1140.html，2021 年 2 月 19 日访问。

军事装备及技术水平、军事力量规模方面存在明显的差距，该报告假设战争在东亚地区展开且限于东亚。考虑到中国常规武器的现实状况，除了网络攻击之外，中国不大可能攻击美国本土；相反，美国针对中国军事目标的非核攻击将是全方位的。

美国兰德公司的报告分别以2015年和2025年为时间节点，估计了中美在高强度战争中军事力量的损失。该报告分别从飞机、水面舰艇、潜艇、导弹、通信指挥系统等方面，评估了中美双方在战争爆发初期（数日内）和一年内的军事损失。该报告将军事损失划分为四档——中度损失、显著损失、严重损失和非常严重的损失，且某些方面的损失还介乎相邻档次之间。[①] 为便于描述，我们不妨将以上四档损失分别赋值-2，-4，-6，-8。以2015年为背景，中美双方在高强度战争中的军事损失预估如表3.1所示。

表3.1 中美在高强度战争中的军事损失预估（2015年）

类别	初期（数日内）		一年	
	中国	美国	中国	美国
飞机	-4	-2	-6	-4
水面舰艇	-5	-4	-8	-4
潜艇	-4	-2	-7	-2
导弹	-6	-4	-8	-6
通信指挥系统	-4	-3	-8	-5

① 参见David C. Gompert, et al., *War with China: Thinking through the Unthinkable*, p. 76, Table A.1, p. 80, Table A.2。

以2025年为背景，中美双方在高强度战争中的军事损失预估如表3.2所示。

表3.2 中美在高强度战争中的军事损失预估（2025年）

类别	初期（数日内）		一年	
	中国	美国	中国	美国
飞机	-4	-4	-6	-6
水面舰艇	-6	-4	-8	-6
潜艇	-3	-2	-6	-4
导弹	-6	-4	-8	-7
通信指挥系统	-4	-4	-8	-6

若以2015年为时间背景，随着高强度战争的延续，中国的军事损失大大超过美国；若以2025年为背景，考虑到中国军事实力的上升，中国在高强度战争中的军事损失仍超过美国，但差别明显缩小。考虑到当前正处于2021年这个中间时点，大体可以设想在高强度战争中各方的军事损失介于2015年和2025年之间，中国的军事损失显著大于美国。

就战争对经济的影响而言，中美两国存在很大的不对称性，而且这种状况到2025年也不会有多大的变化。该报告认为，“最显著的不对称性是，在西太平洋地区的高强度和大范围的战斗将中断中国几乎所有的贸易（其中95%经由海上运输），中国60%左右的石油供应依赖进口；而美国的主要损失是与中国的双边贸易（与中国相比，这种损失程度小得多）”。

该报告估计了持续一年的高强度战争造成的经济损失，如表3.3所示。

表 3.3　中美在一年高强度战争之后的经济损失预估

类别	美国的损失	中国的损失
贸易	中美双边贸易额下降 90%	中美双边贸易额下降 90% 地区贸易额下降 80% 全球贸易额下降 50%
消费	下降 4%	下降 4%
来自外国直接投资的收入（不计资产损失）	90 亿美元	5 亿美元
对 GDP 的影响	可能下降 5%—10%	可能下降 25%—35%

资料来源：David C. Gompert, et al., *War with China: Thinking through the Unthinkable*, p. 48, Table 3.3.

从表 3.3 可见，无论是在 2015 年还是 2025 年，持续高强度战争对于中美双方造成的经济损失都是不对称的，中国遭受的损失会更大。

该报告指出，“中国对战争控制的思考是这样的：国家的稳定与发展是压倒一切的目标，这一点在战争期间的适用程度不低于在和平时期，这要求在战争爆发的时候中国能够对其做到控制和限制。不仅要防止战争的扩大、升级和延长，还要引导战争朝着以最小的代价和有利于中国的方向发展。在整场战争中，中国需要评估其进展，并抓住机会结束战争，收获稳定的结果，这一结果要能维护中国的独立、领土主权完整、国家制度稳定和保护国家的经济命脉。这确实是一个艰巨的任务，尤其是在与一个更为强大的国家发生冲突时”。

尽管高强度战争对于双方来说都是代价高昂的，但中美之间的低强度战争难以分出明显的胜负；而一旦战争发生了，只要有任何一方不选择低强度型，那么战争就一定是高强度型的。[①] 由于美国在高强度战争中的优势更大，且这种优势随着时间的延长而加强，所以我们可以合理地推测，一旦中美之间发生战争，就极有可能是高强度战争，而且持续时间会比较长。

二、美国对华胁迫的博弈分析

基于兰德公司戴维·贡佩尔等人的上述研究报告对于中美之间战争结果的预估，我们现在假定：一旦双方爆发军事冲突，就大概率属于持续性的高强度战争；这场战争对于双方都代价高昂，不过中国付出的代价更高。基于这一假设，我们构建如图 3.6 所示的博弈模型。

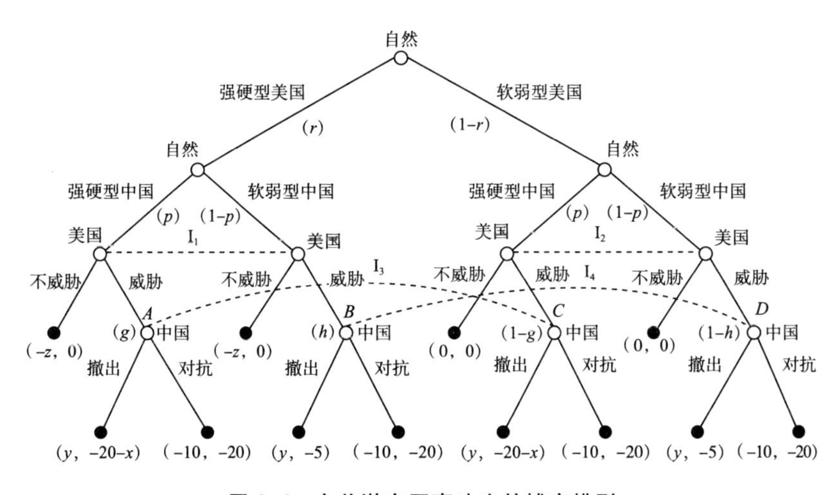

图 3.6　中美潜在军事冲突的博弈模型

---

① 除非另一方退出战争，但那显然意味着投降。

在博弈的每个终节点上，第一个数值代表美国的收益，第二个数值代表中国的收益。我们假定，x、y 和 z 都大于 0。

这是一个不完全信息的胁迫博弈模型。

中国存在强硬型与软弱型这两种可能的类型。[①] 当美国通过军事威胁胁迫中国从南海岛礁撤出军事设施和人员时，强硬型中国认为屈服于美国的代价比中美战争的后果更严重，而软弱型中国则认为中美战争的后果比屈服于美国而撤出的后果更糟糕。无论中国属于强硬型还是软弱型，它最偏好的结果就是美国不发出军事威胁来胁迫中国。

美国也存在强硬型与软弱型这两种类型。这两种类型的唯一差别在于，如果不发出军事威胁来胁迫中国，强硬型美国的收益低于软弱型美国。无论美国属于强硬型还是软弱型，它最偏好的结果都是发出威胁且能成功胁迫中国撤出，最不愿意见到的结果是军事威胁失败而与中国发生战争，而不威胁中国这一选择位于偏好顺序的中间位置。

中国知道自己的类型，但不知道美国的类型，仅知道美国类型的概率分布，即美国属于强硬型的概率为 r；美国知道自己的类型，但不知道中国的类型，仅知道中国类型的概率分布，即中国属于强硬型的概率为 p。

---

① 注意，此处仅是理论上的讨论，这一假设并不代表作者认为中国政府有可能属于软弱型，而是因为美国政府认为中国政府有可能属于软弱型。只要战争没有发生，强硬型的中国政府就没有办法让对手相信自己确实属于强硬型。

我们考察该博弈是否存在这样的精炼贝叶斯均衡：

无论是强硬型美国还是软弱型美国，都选择威胁。

当美国进行威胁时，强硬型中国选择对抗，从而爆发战争；软弱型中国选择撤出，避免战争。

假设双方满足上述要求的策略组合能够构成精炼贝叶斯均衡。

先考虑中国：

当美国发出威胁后，若中国属于强硬型，它就处于信息集 I_3。给定美国的上述策略，强硬型中国可以判断自己位于节点 A 的概率为 $g = r$。若它选择"对抗"，收益为 -20；若它选择"撤出"，收益为 $-20-x$。$-20-x < -20$，故强硬型中国确实会选择"对抗"。

当美国发出威胁后，若中国属于软弱型，它就处于信息集 I_4。给定美国的上述策略，软弱型中国可以判断自己位于节点 B 的概率为 $h = r$。若它选择"对抗"，收益为 -20；若它选择"撤出"，收益为 -5。$-5 > -20$，故软弱型中国会选择"撤出"。

再考虑美国：

若美国为强硬型，它就处于信息集 I_1。给定中国的上述策略，强硬型美国可以判断自己面对强硬型中国的概率为 p。强硬型美国选择"威胁"的期望收益为 $-10p + y(1-p)$，选择"不威胁"的期望收益为 $-z$，故它选择"威胁"的条件为

$$-10p + y(1-p) > -z$$

即

$$p < \frac{y + z}{y + 10}$$

若美国为软弱型，它就处于信息集 I_2。给定中国的上述策略，软弱型美国可以判断自己面对强硬型中国的概率为 p。软弱型美国选择“威胁”的期望收益为 $-10p + y(1 - p)$，选择“不威胁”的期望收益为0，故它选择“威胁”的条件为

$$-10p + y(1 - p) > 0$$

即

$$p < \frac{y}{y + 10}$$

显然，只要软弱型美国选择“威胁”的条件满足，强硬型美国选择“威胁”的条件也一定满足。

从上述条件可以看出，y 越大，上限就越高，这个条件就越容易满足。

若 $y = 2$，这个条件就是

$$p < \frac{1}{6}$$

若 $y = 5$，这个条件则为

$$p < \frac{1}{3}$$

在一定意义上，y 刻画了霸权在美国战略目标中的分量。y 越大，表明美国从军事胁迫中国屈服这一结果中获得的效用越大，就意味着美国对维护霸权地位看得越重。这正反映了政治

现实主义所主张的“以权力界定的利益”。

我们现在不妨假设 $y=2$。

此时，只要 $p<\frac{1}{6}$，这个博弈就存在一个精炼贝叶斯均衡：任何类型的美国都会发出威胁；强硬型的中国选择对抗，因而战争爆发；软弱型的中国选择撤出以避免战争。

若 $p>\frac{1}{6}$ 呢？此时软弱型的美国不会发出威胁。但若下面的条件成立，强硬型的美国仍然会发出威胁：

$$\frac{1}{6}<p<\frac{z+2}{12}$$

z 衡量强硬型美国对于现状不满意的程度。z 越大，意味着美国对现状越不满意。可以看出，z 越大，上述条件就越容易满足。也就是说，强硬型美国对现状不满意的程度越高，它就越有可能发出威胁。

现在假定 $z=1$，则强硬型美国发出军事威胁的条件就是

$$p<\frac{1}{4}$$

我们比较两种情况：

第一种情况：假定 $y=2$，$z=1$，$p=r=0.2$，即中美各自认为对方属于强硬型的概率都是 0.2，这些是双方的共同知识。

如果中国确实属于强硬型，那么，从中国的角度来看，中美军事冲突爆发的概率就为 0.2，亦即中国认为美国属于强硬型的概率。

如果美国确实属于强硬型，那么，从美国的角度来看，中美军事冲突爆发的概率也为0.2，亦即美国认为中国属于强硬型的概率。

如果美国确实属于软弱型，它不会发出军事威胁，因而也不会爆发中美军事冲突。

第二种情况：假定$y=2$，$z=1$，$p=r=0.1$，即中美各自认为对方属于强硬型的概率都是0.1，这些是双方的共同知识。

如果中国确实属于强硬型，那么，从中国的角度来看，中美之间就一定会爆发军事冲突，因为任何类型的美国都会向中国发出威胁，而强硬型的中国一定会选择"对抗"。

无论美国实际上属于何种类型，它都会发出威胁，而且会认为中美军事冲突爆发的概率为0.1，亦即美国认为中国属于强硬型的概率。

上述结论与完全信息情形形成了鲜明对照。在完全信息情形下，中美双方知己知彼，中国和美国的强弱类型是双方的共同知识。如果中国属于软弱型，它就会在威胁面前屈服，战争就不会发生。如果中国属于强硬型，美国就能预见到，中国必定选择"对抗"来回应军事威胁，那将意味着战争。因此，若美国属于软弱型，它就不会选择威胁；即使美国属于强硬型，只要$z<10$（即美国认为维持现状至少比发生战争好一些），它也不会发出威胁。

因此，不完全信息增加了中美之间爆发战争的风险。

第四章　谈判的博弈分析

人类生产的一条可悲规律是，破坏总比创造容易。伤害性力量是一种讨价还价的交易性力量。在黑社会，它是敲诈、勒索和绑架的基础。[①]

——托马斯·谢林

在一个博弈以后各回合中有再谈判的机会，或许会以一种伤害双方的方式减少在以前各回合所能谈判出的均衡集。[②]

——罗杰·迈尔森

从人类社会的历史来看，利益分配的主要机制有两种——市场和权力，前者通过人与人之间的交换来分配利益，后者通过人对人的控制来分配利益。无论是市场交换还是政治权力，其实际运作都涉及谈判（或者说讨价还价）。利益分配结果在很大程度上取决于双方的谈判地位，当然也与谈判规则、双方

---

① Thomas C. Schelling, *Arms and Influence*, New Haven and London: Yale University Press, 2008, p. X.

② 〔美〕罗杰·迈尔森：《博弈论：矛盾冲突分析》，于寅等译，中国人民大学出版社 2015 年版，第 366 页。

所掌握的信息以及谈判策略等因素有关。其中，谈判地位并不等价于实力，也就是说，实力越强，并不一定就意味着谈判地位越高。谈判地位主要取决于谈判主体能够向对手发出的可信威胁的严重程度。有时候，一方的权力和行动空间受到所处环境的极大束缚，这种状况也许反而能够大大增强其谈判地位。

从某种意义上讲，谈判本质上是参与者的相互胁迫，胁迫的目的在于达成特定的利益分配协议[①]，胁迫的手段则是以谈判破裂造成的后果相威胁，参与者的胁迫手段强弱的一个重要体现就是他在谈判破裂时的保留效用或保留收益。威胁在谈判中扮演着关键角色。但是，对于威胁的分析比较复杂。一方面，威胁行动的实施本身往往也会损害威胁者自身的利益，这就给威胁的可信性带来了疑问；另一方面，双方的威胁会发生交互作用，这使得威胁的后果具有内在的不确定性。本章将在博弈模型中系统地分析这些问题。

第一节　纳什谈判理论

从逻辑上讲，就任何谈判来说，只有当优于谈判破裂的利益分配协议存在可行性时，各方才有谈判的空间，也才有谈判的动力。所以，谈判破裂的可能性及其后果就构成了对各方不

---

① 即使采用非合作博弈论来研究谈判问题，始终有一个潜在的假定——谈判各方最终达成的利益分配协议具有约束力，各方一定会执行这个协议。

达成谈判协议的威胁。进一步，谈判破裂的后果对于不同参与者的影响程度很可能是不同的，这会影响参与者的谈判地位和立场，进而影响最终达成的利益分配协议。

我们将各方在谈判破裂时的效用（或收益）称为谈判破裂点[①]。如果一个谈判问题中的谈判破裂点是外生给定的，所有参与者无法选择和影响它，我们就将这个谈判问题称为具有外生威胁的谈判问题。

一、纳什谈判理论

关于双边谈判问题，约翰·纳什（John F. Nash）于1950年首先提出了分析思路，又于1953年进一步完成了严格的公理化分析，提出了著名的纳什谈判解（Nash Bargaining Solution，简记为NBS）。[②] 约翰·纳什的研究实际上以一个隐含的假定为基础——双方谈判达成的效用（利益）分配方案应该只取决于他们在谈判破裂时的预期效用，以及对双方来说联合可行的方案集合。

纳什谈判理论是从若干公理出发，推导出的符合这些公理要求的利益分配方案。纳什在1950年提出了几条公理，其中有些可以用不同的方式来表述，也就是说以形式不同但本质等价

---

① Disagreement point，也可直译为“不一致点”。

② 参见John F. Nash，“The Bargaining Problem，” *Econometrica*，Vol. 18，No. 2，1950，pp. 155-162；John F. Nash，“Two-person Cooperation Games，” *Econometrica*，Vol. 21，No. 1，1953，pp. 128-140。

的其他公理替代。为便于理解，我们这里采用罗杰·迈尔森的表述。[①]

定义一个两人谈判问题，其由偶（F，d）组成。其中，F 表示可行效用配置集，它是 R^2 的一个闭凸子集；$d=(d_1, d_2)$ 表示谈判破裂点，即双方达不成协议时各自的效用值，它是 R^2 中的一个向量。

假定谈判破裂点 $d=(d_1, d_2)$ 是外生给定的。

假定集合

$$F \cap \{(x_1, x_2) \mid x_1 \geqslant d_1, x_2 \geqslant d_2\}$$

是非空有界的，这意味着存在某个可行配置对两个参与者来说至少不劣于谈判破裂点，但不可能出现超过谈判破裂点的无界效用。

当且仅当 F 中至少存在一个分配向量 y 对两个参与者来说都严格优于谈判破裂点 d（即 $y_1 > d_1$ 且 $y_2 > d_2$）时，我们才称这个谈判是实质性的（essential）。

我们将符合某些要求的效用分配向量称为解向量，且记为

$$\varphi(F, d) = (\varphi_1(F, d), \varphi_2(F, d))$$

此外，对 R^2 中的任意两个向量 x 和 y，我们记

$x \geqslant y$，　当且仅当　$x_1 \geqslant y_1$ 且 $x_2 \geqslant y_2$；

$x > y$，　当且仅当　$x_1 > y_1$ 且 $x_2 > y_2$。

---

① 参见〔美〕罗杰·迈尔森：《博弈论：矛盾冲突分析》，于寅等译，中国人民大学出版社 2015 年版，第 332—335 页。

作为纳什谈判理论出发点的几条公理可表述如下。

公理 4.1（强有效性）

$\varphi(F, d)$ 是 F 中的一个效用分配向量，且对 F 中的任一 x，若 $x \geqslant \varphi(F, d)$，则 $x = \varphi(F, d)$。

公理 4.2（个体理性）

$$\varphi(F, d) \geqslant d。$$

公理 4.3（尺度协变性）

对任意 $\lambda_1 > 0, \lambda_2 > 0, \gamma_1$ 及 γ_2，若

$$G = \{(\lambda_1 x_1 + \gamma_1, \lambda_2 x_2 + \gamma_2) \mid (x_1, x_2) \in F\}$$

且 $$w = (\lambda_1 d_1 + \gamma_1, \lambda_2 d_2 + \gamma_2)$$

则 $\varphi(G, w) = (\lambda_1 \varphi_1(F, d) + \gamma_1, \lambda_2 \varphi_2(F, d) + \gamma_2)$

公理 4.4（不相干方案的独立性）

对任一闭凸集 G，若 $G \subseteq F$ 且 $\varphi(F, d) \in G$，则 $\varphi(G, d) = \varphi(F, d)$。

公理 4.5（对称性）

若 $d_1 = d_2$ 且 $\{(x_2, x_1) \mid (x_1, x_2) \in F\} = F$，则 $\varphi_1(F, d) = \varphi_2(F, d)$。

给定上述五个公理，纳什证明了如下定理：

定理 4.1

存在唯一的解函数 $\varphi(F, d)$ 满足上述公理 4.1—4.5，而且这个解函数满足

$$\varphi(F, d) \in \underset{x \in F, x \geqslant d}{\arg\max} (x_1 - d_1)(x_2 - d_2) \qquad (4.1)$$

我们称这个解为“纳什谈判解”。

值得注意的是，在纳什谈判问题中，分配向量、谈判破裂点、可行集等概念都是基于参与者的效用来定义的。不同的参与者对于风险的态度可能不同，这可以体现在其效用函数上。这样一来，参与者对于风险的态度就可能影响谈判结果。

假设参与者的效用函数为

$$u_i(x_i) = x_i^{\alpha_i}, \alpha_i > 0$$

其中，α_i 刻画了参与者对于风险的态度。$\alpha_i = 1$ 代表风险中性，$\alpha_i < 1$ 代表风险厌恶，其值越小，意味着个体对风险的厌恶程度越高。

假设谈判破裂点为 $d = (0, 0)$，而可行方案集为

$$F = \{ (u_1(x_1), u_2(x_2)) \mid x_1 + x_2 \leqslant 1 \}$$

则可以证明，纳什谈判解为

$$x_1 = \frac{\alpha_1}{\alpha_1 + \alpha_2}, x_2 = \frac{\alpha_2}{\alpha_1 + \alpha_2}$$

这表明，参与者的风险厌恶程度越高，他在谈判中能获得的利益分配越少；对手的风险厌恶程度越高，己方在谈判中能获得的利益分配越多。

如果两个参与者都是风险中性的，即 $u_i(x_i) = x_i$，谈判破裂点仍为 $d = (0, 0)$，则可得到纳什谈判解为 $x_1 = x_2 = \frac{1}{2}$。这表明，双方的谈判地位对等，达成平分利益的协议。

如果两个参与者都是风险中性的，对于一般化的谈判破裂

点 $(d_1, d_2) \in F$，可得到纳什谈判解为

$$x_1 = d_1 + \frac{1}{2}(1 - d_1 - d_2),\ x_2 = d_2 + \frac{1}{2}(1 - d_1 - d_2) \tag{4.2}$$

由此可见，在谈判达成的协议中，每个参与者所获得的利益实际上由两部分构成：一部分是对谈判达成协议所创造的价值平均分配之所得；另一部分是谈判破裂时的保留收益。谈判破裂时的保留收益越高，在达成的谈判协议中能够得到的利益就越大。因此，在风险中性的假定下，谈判破裂点决定了双方的谈判地位。

纳什谈判解的概念还可以推广。

对于 $\alpha \in (0, 1)$，定义如下的"广义纳什谈判解"：

$$\varphi(F, d, \alpha) \in \arg\max_{x \in F, x \geqslant d} (x_1 - d_1)^{\alpha} (x_2 - d_2)^{1-\alpha} \tag{4.3}$$

对于每一个 $\alpha \in (0, 1)$，广义纳什谈判解满足公理4.1—4.4。若 $\alpha = \frac{1}{2}$，则广义纳什谈判解也满足公理4.5，此时它等价于纳什谈判解。

二、非合作博弈论视角的纳什谈判解

纳什谈判解纯粹是基于公理化的数学分析得到的，既不涉及谈判过程和谈判规则，也不涉及参与者的策略思维和策略互动。所以，有必要从非合作博弈论的角度来分析谈判问题，考察纳什谈判解是否能作为非合作博弈的纳什均衡结果出现。

纳什在 1953 年用一个简单的双方要价博弈代表谈判过程来进行分析。[①] 本节的讨论限于具有外生威胁的谈判问题，不涉及参与者对威胁行动的选择，故比纳什的原始模型更简单。

假设两个风险中性的参与者就如何分配 1 单位的收益进行谈判，外生的谈判破裂点为 $d=(d_1,\ d_2)$，并满足

$$d_1+d_2<1,\ 0<d_1<1,\ 0<d_2<1$$

以纳什要价博弈代表谈判过程，具有外生威胁的要价博弈实际上是一个静态博弈：

双方同时独立地提出自己要求的份额，假设分别为 $x_1\in[0,\ 1]$，$x_2\in[0,\ 1]$。

收益分配规则为：

若 $x_1+x_2\leqslant 1$，则两人各自分得自己要求的份额，即 x_1 和 x_2；否则，两人分别获得 d_1 和 d_2。

显然，这个双方要价博弈存在无数纳什均衡，其纯策略纳什均衡集为

$$\{(x_1,\ x_2)\mid d_1\leqslant x_1\leqslant 1,\ d_2\leqslant x_2\leqslant 1,\ x_1+x_2=1\}$$

在这个博弈中，参与者的收益函数是不连续的。现在考虑引入一个表示要价 x_1 和 x_2 相容概率的函数 $h(x_1,\ x_2)$，该函数

---

① “Demand game”，也可直译为“需求博弈”。纳什构建的谈判模型允许参与者在谈判之前自主选择威胁行动，故称为具有“可变威胁”的谈判问题；在双方同时选择了威胁行动之后，双方进行要价博弈。实际上，该文假定，参与者在谈判之前选择的威胁是可承诺的，即一旦谈判破裂不可变更威胁行动。

在 $x_1+x_2 \leqslant 1$ 时取值为1，否则趋于0但永远不等于0。该函数也可以用来表示博弈的信息结构中的不确定性或效用大小的不确定性。通过将函数 $h(x_1, x_2)$ 引入收益函数，使后者变为连续函数，从而实现对要价博弈的“平滑”（Smooth）处理。纳什证明，这个“平滑”后的要价博弈的所有均衡的唯一极限就是纳什谈判解。在下文中，当我们提到纳什要价博弈时，就是指这个经过平滑处理的要价博弈，并以后者的纳什均衡的极限代表纳什要价博弈的均衡解。

从这个角度看，建立在公理化基础上的纳什谈判解与基于非合作博弈论的推导结果是一致的。

第二节　固定顺序的轮流出价谈判

不同于静态的纳什要价博弈，轮流出价谈判是一种动态博弈，而且典型的轮流出价谈判可以持续无限期。从谈判的标的物来看，我们可以将轮流出价谈判分为两类：一类是围绕既定的存量利益（即一次性利益）进行的谈判，另一类是围绕流量利益（即每期都产生有待分配的利益）进行的谈判。

一、不存在威胁的轮流出价谈判

阿里尔·鲁宾斯坦（Ariel Rubinstein）开创了采用非合作博弈论分析无限期轮流出价谈判问题之先河，他分析了围绕存量利益的无限期轮流出价谈判问题。

设想参与者1和2就1单位的利益如何分配进行谈判。他们轮流提出方案：参与者1在时期1，3，5，… 提出分配方案，参与者2在时期2，4，6，… 提出分配方案。每当一个参与者提出分配方案后，另一个参与者在当期可以接受或拒绝。一旦某个参与者接受了对方提出的分配方案，博弈就立即结束，双方按照该方案分配利益。任何方案一旦被拒绝，它就不再有任何约束力，并与后续博弈不再相关。只要没有任何方案被接受，谈判就一直进行下去，甚至无限期进行下去。

假设两个参与者都没有足够的耐心——他们对后面阶段得到的收益进行贴现，两个参与者的贴现因子分别为δ_1和δ_2，且$\delta_i \in (0, 1)$。贴现因子越小，就意味着当事者越缺乏耐心。

阿里尔·鲁宾斯坦证明，这个谈判博弈存在唯一的子博弈完美纳什均衡①：

参与者1的策略：

在时期1, 3, 5, …，提出分配方案$\left(\frac{1-\delta_2}{1-\delta_1\delta_2}, \frac{\delta_2(1-\delta_1)}{1-\delta_1\delta_2}\right)$；

在时期2，4，6，…，若对手提出的分配方案给予自己的份额满足$y_1 \geqslant \frac{\delta_1(1-\delta_2)}{1-\delta_1\delta_2}$，则接受，否则拒绝。

---

① 参见 Ariel Rubinstein, "Perfect Equilibrium in a Bargaining Model," *Econometrica*, Vol. 50. No. 1, 1982, pp. 97-110。

参与者 2 的策略:

在时期 2, 4, 6, …, 提出分配方案 $\left(\frac{\delta_1(1-\delta_2)}{1-\delta_1\delta_2}, \frac{1-\delta_1}{1-\delta_1\delta_2}\right)$;

在时期 1, 3, 5, …, 若对手提出的分配方案给予自己的份额满足 $x_2 \geqslant \frac{\delta_2(1-\delta_1)}{1-\delta_1\delta_2}$，则接受，否则拒绝。

在这个均衡中，参与者 1 在时期 1 提出的分配方案就会被参与者 2 接受，即双方在谈判初始就会达成协议，利益分配方案为 $\left(\frac{1-\delta_2}{1-\delta_1\delta_2}, \frac{\delta_2(1-\delta_1)}{1-\delta_1\delta_2}\right)$ 。

可以看出，参与者的耐心程度影响利益分配。参与者的耐心程度越高，在谈判协议中获得的份额就越大；对手的耐心程度越低，己方在谈判协议中获得的份额也越大。假设 $\delta_1 = 0.9$，$\delta_2 = 0.8$，则可计算得到相应的利益分配结果为

$$x_1 = \frac{5}{7}, x_2 = \frac{2}{7}$$

由此可见耐心在谈判中的重要性。

实际上，贴现因子既反映了参与者的耐心程度，也蕴含了某种威胁的思想。当谈判达不成协议而延期时，贴现因子的存在使得参与者的预期收益下降，这就对谈判构成了延迟的威胁。

在阿里尔·鲁宾斯坦的模型中，如果我们将每个时期的长度缩短，即假设参与者的出价发生在时点 0，Δ，2Δ，3Δ，…，

$t\Delta$，… 上，其中 $\Delta > 0$。

如果参与者在时点 $t\Delta$ 达成协议 (x_1, x_2)，参与者获得的效用为

$$U_i(x_i)e^{-r_i t\Delta}$$

其中 $r_i > 0$ 是参与者 i 的贴现率，而 $U_i(x_i)$ 是参与者的即时效用。

阿伯西内·穆素（Abhinay Muthoo）证明：[①]

当 $\Delta \to 0$ 时，上述谈判问题的子博弈完美纳什均衡对应的收益分配方案，收敛于广义纳什谈判解，其中，$\alpha = \frac{r_2}{r_1 + r_2}$，$d = (0, 0)$。

如果两个参与者的贴现率相同，即 $r_1 = r_2$，则上述均衡对应的收益分配方案收敛于纳什谈判解。这为纳什谈判解提供了另一种非合作博弈视角的解释。

二、具有外生破裂风险的轮流出价谈判

我们继续考察围绕存量利益的无限期轮流出价谈判问题。罗杰·迈尔森不考虑贴现因子，而是假设谈判有小概率的外生破裂风险——在每个时期，一旦一方拒绝另一方提出的方案，

---

① 参见〔英〕阿伯西内·穆素：《讨价还价理论及其应用》，管毅平等译，上海财经大学出版社 2005 年版，第 48 页。

整个谈判过程以小概率终止。[①]

设想参与者 1 和 2 就 1 单位的利益如何分配进行谈判。以 F 表示所有可行收益分配方案构成的集合。

两个参与者轮流提出方案：参与者 1 在时期 1，3，5，… 提出分配方案，参与者 2 在时期 2，4，6，… 提出分配方案。每当一个参与者提出分配方案后，另一个参与者在当期可以接受或拒绝。一旦某个参与者接受了对方提出的分配方案，博弈就立即结束，双方按照该方案分配利益。

若参与者 1 提出的分配方案被参与者 2 拒绝，谈判过程将以概率 $p_1 \in (0, 1)$ 立即终止，参与者 2 将得到收益 d_2；参与者 1 得到某个收益 w_1，且满足 $w_1 \leqslant m_1(F)$，其中 $m_1(F)$ 表示参与者 1 在任何可行且符合个体理性的利益分配方案中所能得到的最大收益。

类似地，若参与者 2 提出的分配方案被参与者 1 拒绝，谈判过程将以概率 $p_2 \in (0, 1)$ 立即终止，参与者 1 将得到收益 d_1；参与者 2 得到某个收益 w_2，且满足 $w_2 \leqslant m_2(F)$，其中 $m_2(F)$ 表示参与者 2 在任何可行且符合个体理性的利益分配方案中所能得到的最大收益。

罗杰・迈尔森证明，这个博弈具有唯一的子博弈完美纳什均衡：

---

① 参见〔美〕罗杰・迈尔森：《博弈论：矛盾冲突分析》，于寅等译，中国人民大学出版社 2015 年版，第 350—354 页。

参与者 1 的策略：

在时期 1，3，5，…，提出分配方案（$\bar{x}_1$，$\bar{x}_2$）；

在时期 2，4，6，…，若对手提出的分配方案给予自己的份额满足 $y_1 \geqslant \bar{y}_1$，则接受，否则拒绝。

参与者 2 的策略：

在时期 2，4，6，…，提出分配方案（$\bar{y}_1$，$\bar{y}_2$）；

在时期 1，3，5，…，若对手提出的分配方案给予自己的份额满足 $x_2 \geqslant \bar{x}_2$，则接受，否则拒绝。

其中，两个参与者各自提出的方案（$\bar{x}_1$，$\bar{x}_2$）和（$\bar{y}_1$，$\bar{y}_2$）都是 F 中的严格帕累托有效配置，且满足

$$\bar{y}_1 - d_1 = (1 - p_2)(\bar{x}_1 - d_1),\ \bar{x}_2 - d_2 = (1 - p_1)(\bar{y}_2 - d_2)$$

罗杰·迈尔森进一步解释，参数 p_i 是对参与者 i 的一种“承诺权力”（Power of Commitment）的度量，因为它是 i 所提出的报价在遭到拒绝后就不再报价的概率。对这个博弈的分析表明，两个参与者会达成一个利益分配协议，其中他们的相对份额主要取决于其相对承诺权力 p_1/p_2。罗杰·迈尔森认为，“一个好的谈判者可以通过以最终决定的姿态果断地报价，从而提高其外显的承诺权力；同时，又尽量以礼貌而又友好的方式拒绝对手的报价，从而降低对方的承诺权力”①。

假设 $p_1 = p_2 = p$，可求得两个参与者在均衡中的要价分别为

① 〔美〕罗杰·迈尔森：《博弈论：矛盾冲突分析》，于寅等译，中国人民大学出版社 2015 年版，第 354 页。

$$x_1^* = \frac{1 - d_2 + (1 - p)d_1}{2 - p},\ y_2^* = \frac{1 - d_1 + (1 - p)d_2}{2 - p} \quad (4.4)$$

显然，当 $p \to 0$ 时，这个博弈的子博弈完美纳什均衡中的分配方案恰好与相应的纳什谈判解相同，这为纳什谈判解提供了新的非合作博弈论视角的解释。

三、不完全信息下的轮流出价谈判

在前述具有外生破裂风险的谈判模型基础上，罗杰·迈尔森进一步讨论了不完全信息下的谈判问题。①

令 $r = (r_1, r_2) \in F$ 为任一有效配置向量，且 $r_1 > d_1, r_2 > d_2$。

假设参与者 1 还有另一种可能的“非理性”类型，即他具有某种强迫自己坚持这个配置 r 的“非理性承诺”。可以这样理解，参与者 1 有一个很小但严格为正的概率 q 被机器人或代理人取代，而后者机械地为参与者 1 执行如下“r-坚持策略”：

在时期 1，3，5，…，提出分配方案 $r = (r_1, r_2)$；

在时期 2，4，6，…，若对手提出的分配方案给予自己的份额满足 $y_1 \geq r_1$，则接受，否则就拒绝。

为了简化起见，假设 $d_1 = d_2 = w_1 = w_2 = 0$。

罗杰·迈尔森证明，在这个博弈的任一均衡中，存在某个不依赖于 p_1 或 p_2 的数 $J(F, d, r, q)$ 使得，如果参与者 1 执行

① 参见〔美〕罗杰·迈尔森：《博弈论：矛盾冲突分析》，于寅等译，中国人民大学出版社 2015 年版，第 354—358 页。

"r-坚持策略"，则参与者 2 肯定会在前 $J(F, d, r, q)$ 回合中报价 r 或接受 r。因此，参与者 1 在均衡中的期望收益不可能低于 $r_1(1-\max\{p_1, p_2\})^{J(F, d, r, q)}$。若 p_1 和 p_2 都很小，则参与者 1 的期望收益的下界接近于 r_1。

这一结果与完全信息下的结果形成了鲜明的对照。在这里，如果参与者 1 能够（在参与者 2 的脑海中）制造某种关于他有可能非理性地坚持一种分配方案的疑虑，那么他就预期能得到一个至少不低于 r_1 的利益分配结果，而无论比值 p_1/p_2 是多少。既然如此，即使参与者 1 完全是理性的，他也有激励装扮为非理性，这就是所谓"理性的非理性"。当然，理性的参与者 2 也能预期到这一点，因而未必轻易相信参与者 1 非理性的可能性。但是，考虑到现实世界中的人在不同程度上都受到性格、习惯思维、眼界等因素的深刻影响，参与者 2 也很难完全排除对于其对手非理性的疑虑。因此，这个不完全信息谈判模型的假设及其结论仍然具有重要的现实意义。

四、关于流量利益的轮流出价谈判

前面介绍的谈判都是围绕存量利益的一次性分配。在现实世界中，大量的谈判是围绕流量利益分配而展开的，比如海洋渔业资源的开发，河流水资源的分配，收费高速公路、铁路、桥梁、隧道的利益分配，等等。我们现在研究关于流量利益分配的谈判问题。

设想每个时期都有 1 单位的利益可以分配，参与者 1 和参与者 2 就此问题进行谈判。他们轮流提出方案：参与者 1 在时期 1，3，5，… 提出分配方案，参与者 2 在时期 2，4，6，… 提出分配方案。每当一个参与者提出分配方案后，另一个参与者在当期可以立即接受或拒绝。

只要双方没有达成协议，双方在每个时期就得到谈判破裂点的结果（d_1，d_2），且 $d_1 + d_2 < 1$。一旦双方就某个分配方案达成协议，双方在今后每个时期都获得方案约定的份额。

假设两个参与者的贴现因子分别为 $\delta_1 \in (0, 1)$ 和 $\delta_2 \in (0, 1)$。考虑这样一个子博弈完美纳什均衡（若存在），其中双方策略符合如下要求：

> 每到奇数期，参与者 1 总是提出方案（x_1，$1 - x_1$），其中 x_1 表示参与者 1 获得的份额；每到偶数期，参与者 2 总是提出方案（$1 - y_2$，y_2），其中 y_2 表示参与者 2 获得的份额。

在这个均衡中，每当奇数期开始，参与者 1 在当期及此后获得的收益现值和[①]记为 V_1；每当偶数期开始，参与者 2 在当期及此后获得的收益现值和记为 V_2。

现在考虑第 $2k-1$ 期，$k=1$，2，…

参与者 1 提出分配方案（x_1，$1 - x_1$）之后，参与者 2 会如

① 全部贴现到所考察的当期，而非博弈首期，下同。

何思考？

若参与者 2 接受方案（x_1，$1-x_1$），则他预期今后获得的收益现值和为

$$(1-x_1)+\delta_2(1-x_1)+\delta_2^2(1-x_1)+\cdots=\frac{1-x_1}{1-\delta_2}$$

反之，若他拒绝方案（x_1，$1-x_1$），则他预期今后获得的收益现值和为

$$d_2+\delta_2 V_2$$

因此，参与者 2 接受方案（x_1，$1-x_1$）的条件为

$$\frac{1-x_1}{1-\delta_2}\geqslant d_2+\delta_2 V_2$$

亦即

$$x_1\leqslant 1-(1-\delta_2)(d_2+\delta_2 V_2)$$

参与者 1 也能够预见参与者 2 的上述推理，所以，参与者 1 从自身利益出发提出的方案会要求：

$$x_1=1-(1-\delta_2)(d_2+\delta_2 V_2)$$

这个方案会被参与者 2 接受，所以参与者 1 预期今后获得的现值和为

$$V_1=\frac{x_1}{1-\delta_1}=\frac{1-(1-\delta_2)(d_2+\delta_2 V_2)}{1-\delta_1} \tag{4.5}$$

值得注意的是，由于 $V_2=\dfrac{y_2}{1-\delta_2}$，上面关于 x_1 的式子也可写为

$$x_1 = 1 - (1 - \delta_2) d_2 - \delta_2 y_2 \tag{4.6}$$

类似地，对于参与者 2，我们可以推导出

$$y_2 = 1 - (1 - \delta_1)(d_1 + \delta_1 V_1)$$

或

$$y_2 = 1 - (1 - \delta_1) d_1 - \delta_1 x_1 \tag{4.7}$$

$$V_2 = \frac{y_2}{1 - \delta_2} = \frac{1 - (1 - \delta_1)(d_1 + \delta_1 V_1)}{1 - \delta_2} \tag{4.8}$$

联立式（4.5）与（4.8），解得

$$V_1 = \frac{\delta_2(1 - \delta_1) d_1 + (1 - \delta_2)(1 - d_2)}{(1 - \delta_1)(1 - \delta_1\delta_2)}$$

$$V_2 = \frac{\delta_1(1 - \delta_2) d_2 + (1 - \delta_1)(1 - d_1)}{(1 - \delta_2)(1 - \delta_1\delta_2)}$$

因此

$$x_1^* = (1 - \delta_1) V_1 = \frac{\delta_2(1 - \delta_1) d_1 + (1 - \delta_2)(1 - d_2)}{1 - \delta_1\delta_2} \tag{4.9}$$

$$y_2^* = (1 - \delta_2) V_2 = \frac{\delta_1(1 - \delta_2) d_2 + (1 - \delta_1)(1 - d_1)}{1 - \delta_1\delta_2} \tag{4.10}$$

可以证明，两个参与者的如下策略组合构成了这个博弈唯一的子博弈完美纳什均衡：

参与者 1 的策略：

在时期 1, 3, 5, …, 提出分配方案 $(x_1^*, 1-x_1^*)$；

在时期 2，4，6，…，若对手提出的分配方案给予自己的份额满足 $y_1 \geqslant 1-y_2^*$，则接受，否则拒绝。

参与者 2 的策略：

在时期 2, 4, 6, …, 提出分配方案 $(1-y_2^*, y_2^*)$；

在时期 1，3，5，…，若对手提出的分配方案给予自己的份额满足 $x_2 \geqslant 1-x_1^*$，则接受，否则拒绝。

在这个均衡中，参与者 1 在时期 1 提出的利益分配方案就会被参与者 2 接受，即双方在谈判初始就会达成协议，利益分配方案为 $(x_1^*, 1-x_1^*)$。

从式（4.9）与（4.10）可以看出，在均衡中的利益分配方案具有与纳什谈判解类似的性质：参与者在谈判破裂点上的保留收益越高，在均衡中获得的利益分配越多；对手在谈判破裂点上的保留收益越高，己方在均衡中获得的利益分配越少。

进一步可以求得

$$\frac{dx_1^*}{d\delta_1} = \frac{\delta_2(1-\delta_2)(1-d_1-d_2)}{(1-\delta_1\delta_2)^2} > 0 \qquad (4.11)$$

$$\frac{dx_1^*}{d\delta_2} = \frac{-(1-\delta_1)(1-d_1-d_2)}{(1-\delta_1\delta_2)^2} < 0 \qquad (4.12)$$

这表明，参与者越有耐心，他在均衡中获得的收益越大；对手越缺乏耐心，己方在均衡中获得的收益也越大。对于参与者2，也能推导出类似的表达式。这一结论与前面介绍的鲁宾斯坦的无威胁模型的结论是一致的。

若两个参与者的贴现因子相同，即 $\delta_1=\delta_2=\delta$，则 x_1^* 与 y_2^* 的表达式简化为

$$x_1^*=d_1+\frac{1-d_1-d_2}{1+\delta},\ y_2^*=d_2+\frac{1-d_1-d_2}{1+\delta} \tag{4.13}$$

进一步，

$$1-x_1^*=1-d_1-\frac{1-d_1-d_2}{1+\delta}=d_2+\frac{\delta}{1+\delta}(1-d_1-d_2)$$

当 $\delta\to1$ 时，

$$x_1^*=d_1+\frac{1}{2}(1-d_1-d_2)$$

$$1-x_1^*=d_2+\frac{1}{2}(1-d_1-d_2)$$

显然，这恰好是纳什谈判解。

第三节　无固定顺序的轮流出价谈判

到目前为止，我们讨论的轮流出价谈判博弈都遵循标准的严格交替出价的固定顺序。如果出价顺序并非如此，双方的谈判策略和谈判结果又将如何？

安东尼奥·梅洛（Antonio Merlo）和查尔斯·威尔逊（Charles Wilson）从多个方面对鲁宾斯坦的轮流出价谈判模型加以发展。

首先，他们仍然分析有关存量利益分配的谈判，但允许存量利益随时间而变化[①]；其次，他们将参与者人数由 2 人扩展到 k 人，且假设谈判协议的达成须遵循全体一致原则；最后，引入马尔科夫过程，该过程决定了参与者在谈判中的出价顺序[②]。

借鉴安东尼奥·梅洛和查尔斯·威尔逊的方法，哈罗德·豪巴（Harold Houba）和威尔科·博特（Wilko Bolt）在传统的有关存量利益分配的二人谈判问题中引入马尔科夫过程，将模型扩展为无固定出价顺序的谈判模型。[③] 还是围绕存量利益分配的谈判问题，阿伯西内·穆素分析了两种特殊出价顺序的谈判——一种谈判依固定概率分布在每一时期随机选择出价者，另一种谈判则是在每一时期都由同一个参与者出价。[④] 实际上，这些特殊情形都只是马尔科夫出价顺序谈判模型的特例，其均衡结果可以从后者的均衡结果中直接导出。

受到梅洛和威尔逊以及豪巴和博特的启发，我们在本节引进马尔科夫过程来决定参与者的出价顺序。但与他们研究的不同之处在于，我们分析有关流量利益分配的谈判问题。

设想每个时期都有 1 单位利益可以分配，参与者 1 和参与

---

① 比如，蛋糕会逐渐变得不新鲜，其价值随着时间的拖延而变化。

② 参见 Antonio Merlo and Charles Wilson, "A Stochastic Model of Sequential Bargaining with Complete Information," *Econometrica*, Vol. 63, No. 2, 1995, pp. 371-399。

③ 参见 Harold Houba and Wilko Bolt, *Credible Threats in Negotiations: A Game-theoretic Approach*, Boston: Kluwer Academic Publishers, 2002, pp. 160-163。

④ 〔英〕阿伯西内·穆素：《讨价还价理论及其应用》，管毅平等译，上海财经大学出版社 2005 年版，第 141—143 页。

者 2 就如何分配流量利益进行谈判。两个参与者的贴现因子分别为 $\theta_1 \in (0, 1)$ 和 $\theta_2 \in (0, 1)$，谈判破裂点为 $d = (d_1, d_2)$。

在每个时期由一个参与者提出分配方案，另一个参与者决定接受还是拒绝。不过，我们不再假定两个参与者严格轮流出价，而是由马尔科夫过程决定不同时期出价权的保持或转移：

如果前一时期由参与者 1 出价，本期由参与者 2 出价的概率为 $p_{12} \in [0, 1]$，仍由参与者 1 出价的概率为 $p_{11} = 1 - p_{12}$；

如果前一时期由参与者 2 出价，本期由参与者 1 出价的概率为 $p_{21} \in [0, 1]$，仍由参与者 2 出价的概率为 $p_{22} = 1 - p_{21}$。

显然，p_{12} 和 p_{21} 就是马尔科夫过程的（一步）转移概率。

具体的博弈规则如下：

时期 1：

参与者 1 提出分配方案，参与者 2 决定接受还是拒绝。

如果参与者 2 接受，则博弈结束，当期及将来各期都按该方案分配利益；

如果参与者 2 拒绝，则双方在当期获得谈判破裂点 $d = (d_1, d_2)$ 对应的利益，博弈进入下一期。

时期 2 及以后各期：

由马尔科夫过程确定哪个参与者获得出价权。拥有出价权的参与者提出分配方案，另一方在当期决定接受或拒绝。若另一方接受，则博弈立即结束，当期及将来各期都按该方案分配利益；若另一方拒绝，则双方在当期获得谈判破裂点 $d = (d_1, d_2)$

对应的利益，博弈进入下一期。

……

我们现在来分析这个谈判问题。

考虑各参与者的策略满足如下要求的子博弈完美纳什均衡（若存在）：

> 当参与者 1 获得出价权时，他总是提出方案 $(x_1, 1-x_1)$，其中 x_1 表示参与者 1 获得的份额；当参与者 2 获得出价权时，他总是提出方案 $(1-y_2, y_2)$，其中 y_2 表示参与者 2 获得的份额。

假设参与者 1 在某期获得了出价权，他提出了分配方案 $(x_1, 1-x_1)$，参与者 2 会如何思考？

若参与者 2 拒绝方案 $(x_1, 1-x_1)$，则他预期获得的收益现值和（只考虑一次偏离的情况）为

$$d_2+\frac{\theta_2}{1-\theta_2}[p_{11}(1-x_1)+p_{12}y_2]$$

因此，参与者 2 接受方案 $(x_1, 1-x_1)$ 的条件为

$$\frac{1-x_1}{1-\theta_2}\geqslant d_2+\frac{\theta_2}{1-\theta_2}[p_{11}(1-x_1)+p_{12}y_2]$$

即

$$1-x_1\geqslant(1-\theta_2)d_2+\theta_2[p_{11}(1-x_1)+p_{12}y_2]$$

由于 $p_{11}=1-p_{12}$，故上式可转化为

$$x_1\leqslant 1-\frac{1-\theta_2}{1-\theta_2+\theta_2 p_{12}}d_2-\frac{\theta_2 p_{12}}{1-\theta_2+\theta_2 p_{12}}y_2$$

显然，为了让参与者 2 接受方案，同时又尽可能最大化自身利益，参与者 1 就应当提出如下方案：

$$x_1 = 1 - \frac{1-\theta_2}{1-\theta_2+\theta_2 p_{12}} d_2 - \frac{\theta_2 p_{12}}{1-\theta_2+\theta_2 p_{12}} y_2 \qquad (4.14)$$

类似地，对于参与者 2，我们可以推导出

$$y_2 = 1 - \frac{1-\theta_1}{1-\theta_1+\theta_1 p_{21}} d_1 - \frac{\theta_1 p_{21}}{1-\theta_1+\theta_1 p_{21}} x_1 \qquad (4.15)$$

定义

$$\delta_1 = \frac{\theta_1 p_{21}}{1-\theta_1+\theta_1 p_{21}} \qquad (4.16)$$

$$\delta_2 = \frac{\theta_2 p_{12}}{1-\theta_2+\theta_2 p_{12}} \qquad (4.17)$$

则式（4.14）和式（4.15）就可以简写为

$$x_1 = 1-(1-\delta_2)d_2 - \delta_2 y_2 \qquad (4.18)$$

$$y_2 = 1-(1-\delta_1)d_1 - \delta_1 x_1 \qquad (4.19)$$

可以看出，式（4.18）和式（4.19）正好就是上一节关于流量利益分配的谈判问题分析中所得到的式（4.6）和式（4.7）。

这表明，在有关流量利益分配的无固定顺序的轮流出价谈判中，如果出价权归属的变化服从马尔科夫过程，那么该谈判问题等价于这样一个关于流量利益的固定顺序的轮流出价谈判问题——两个参与者具有由式（4.16）和（4.17）确定的依存于马尔科夫状态转移概率的特定贴现因子。

这个谈判问题存在唯一的子博弈完美纳什均衡，均衡中的

利益分配方案如式（4.9）和式（4.10）所示，即

$$x_1^* = \frac{\delta_2(1-\delta_1)d_1 + (1-\delta_2)(1-d_2)}{1-\delta_1\delta_2}$$

$$y_2^* = \frac{\delta_1(1-\delta_2)d_2 + (1-\delta_1)(1-d_1)}{1-\delta_1\delta_2}$$

均衡策略类似前节，不再赘述。

现在考察马尔科夫状态转移概率对于均衡策略和利益分配的影响。

求 δ_1 对 p_{21} 的导数，可得

$$\frac{\mathrm{d}\delta_1}{\mathrm{d}p_{21}} = \frac{\theta_1(1-\theta_1)}{(1-\theta_1+\theta_1 p_{21})^2} > 0 \tag{4.20}$$

类似地，

$$\frac{\mathrm{d}\delta_2}{\mathrm{d}p_{12}} = \frac{\theta_2(1-\theta_2)}{(1-\theta_2+\theta_2 p_{12})^2} > 0 \tag{4.21}$$

上一节已经证明：

$$\frac{\mathrm{d}x_1^*}{\mathrm{d}\delta_1} > 0, \frac{\mathrm{d}x_1^*}{\mathrm{d}\delta_2} < 0$$

所以有

$$\frac{\mathrm{d}x_1^*}{\mathrm{d}p_{21}} = \frac{\mathrm{d}x_1^*}{\mathrm{d}\delta_1}\frac{\mathrm{d}\delta_1}{\mathrm{d}p_{21}} > 0 \tag{4.22}$$

$$\frac{\mathrm{d}x_1^*}{\mathrm{d}p_{12}} = \frac{\mathrm{d}x_1^*}{\mathrm{d}\delta_2}\frac{\mathrm{d}\delta_2}{\mathrm{d}p_{12}} < 0 \tag{4.23}$$

这表明，从参与者 2 掌握出价权转移到参与者 1 掌握出价权的概率越高，参与者 1 在均衡策略中就会索取更多的利益；

从参与者1掌握出价权转移到参与者2掌握出价权的概率越高，参与者1在均衡策略中就会索取更小的利益。

由于 $p_{11} = 1 - p_{12}$ ，$p_{22} = 1 - p_{21}$ ，故有

$$\frac{dx_1^*}{dp_{11}} = - \frac{dx_1^*}{d\delta_2}\frac{d\delta_2}{dp_{12}} > 0 \tag{4.24}$$

$$\frac{dx_1^*}{dp_{22}} = - \frac{dx_1^*}{d\delta_1}\frac{d\delta_1}{dp_{21}} < 0 \tag{4.25}$$

其含义也很明显。

下面讨论几种特殊情况。

假设 $p_{12} = p_{21} = 1$，$\theta_1 = \theta_2 = \theta$ ，这意味着两个参与者严格轮流出价，且有：

$$\delta_1 = \delta_2 = \theta$$

参与者在均衡中的要价分别为

$$x_1^* = \frac{1 - d_2 + \theta d_1}{1 + \theta} \tag{4.26}$$

$$y_2^* = \frac{1 - d_1 + \theta d_2}{1 + \theta} \tag{4.27}$$

可以看出，这一结果与上一节讨论的具有外生破裂风险的轮流出价模型当 $p_1 = p_2 = p = 1 - \theta$ 时得到的结果是相同的。但值得注意的是，上一节的那个模型是围绕存量利益的分配进行谈判，而本节的模型则是围绕流量利益的分配进行谈判。

假设 $p_{12} = p_{21} = 0.5$，$\theta_1 = \theta_2 = \theta$ ，这意味着两个参与者在每个时期都有相等的概率获得出价权，此时

$$\delta_1 = \delta_2 = \frac{\theta}{2 - \theta}$$

$$x_1^{**} = 1 - d_2 - \frac{1}{2}(1 - d_1 - d_2)\theta \tag{4.28}$$

$$y_2^{**} = 1 - d_1 - \frac{1}{2}(1 - d_1 - d_2)\theta \tag{4.29}$$

显然，谈判破裂点越高，参与者就可以索取更多的利益；对手的谈判破裂点越低，己方也可以索取更多的利益。

我们可以比较上面两种模型中的均衡分配方案。

以参与者 1 为例，可以证明

$$x_1^{*} - x_1^{**} = \frac{-\delta(1 - \theta)(1 - d_1 - d_2)}{2(1 + \theta)} < 0 \tag{4.30}$$

可见，参与者在严格轮流出价谈判中的出价会低于他在随机顺序出价谈判中的出价；不过，当 $\theta \to 0$ 时，两者趋于相等。

假设 $p_{12} = 0$，$p_{21} = 1$，这意味着参与者 1 始终拥有出价权，即单边出价。此时

$$\delta_1 = \theta_1, \delta_2 = 0$$

相应地，

$$x_1^{*} = 1 - d_2 \tag{4.31}$$

这意味着没有出价权的参与者 2 只能获得谈判破裂点对应的保留效用。

本节的分析表明，对于具有流量利益分配的轮流出价谈判问题，如果出价权归属的变化服从马尔科夫过程，可以将它转

化为等价的固定顺序的轮流出价谈判问题，而马尔科夫状态转移概率影响后一类谈判问题的贴现因子。这样一来，不仅可以分析马尔科夫状态转移概率如何影响均衡解对应的利益分配方案，而且可以将若干特定顺序的谈判问题作为前一类谈判问题的特例而直接得到均衡解对应的利益分配方案。

第四节　具有可变威胁的纳什谈判理论

从纳什谈判解的思想来看，双边谈判实质上是一个谈判双方相互胁迫的过程，目的在于胁迫对手与自己达成一个关于利益分配的合作协议，而威胁对手的手段就是谈判破裂点。这个双边胁迫问题的独特之处在于，威胁手段的选择是基于非合作博弈理论的分析，而利益分配协议的内容和协议的签订则是基于纳什谈判理论。①

前面几节都假定谈判破裂点是外生的，参与者无法主动选择威胁手段。本节讨论参与者可以自主选择威胁手段的情况，即具有可变威胁的纳什谈判理论。

一、可承诺的可变威胁模型

纳什研究了可承诺的可变威胁纳什谈判问题。假定参与者

---

① 我们从前文已经发现，可以从一些基于非合作博弈的谈判模型的均衡结果来解释纳什谈判解，因此，也可以直接让参与者进行纳什要价博弈来代替纳什谈判解。

不仅有选择威胁手段的自由，而且在选定威胁手段之后，一旦谈判破裂，他们必须实施先前选定的威胁。[①] 这就是所谓可承诺的可变威胁。

一个双边谈判问题是“实质性的”，意味着谈判双方都有妥协的空间；若效用（收益）在参与者之间可转移，基于合作博弈论的假定，假设双方会从集体理性出发签订一个最大化集体利益的合作协议。这样，双边谈判问题的焦点就在于如何分配利益，而这又取决于谈判破裂点，谈判破裂点则取决于参与者对威胁策略的选择。

谈判破裂点能够决定双方的谈判地位，进而决定谈判协议中的利益分配方案。谈判破裂点越高，参与者在谈判协议中分配的利益就越多；对手的谈判破裂点越高，己方在谈判协议中分配的利益就越少。这样一来，每一方都想提高自己的谈判破裂点，同时又希望降低对手的谈判破裂点。

每一方都可以选择某种策略来威胁对手，力图提高自己相对于对手在谈判破裂点上的优势。但是，由于在博弈中利益互相依赖，一般来说，任何一方都无法单方面决定谈判破裂点。谈判破裂点是由双方的威胁策略共同确定的。由此不难想到这样一个问题——参与者互相发出的威胁能否形成一种均衡状

---

① 参见 John F. Nash, “The Bargaining Problem,” *Econometrica*, Vol. 18, No. 2, 1950, pp. 155-162; John F. Nash, “Two-person Cooperation Games,” *Econometrica*, Vol. 21, No. 1, 1953, pp. 128-140。

态？即，参与者的威胁互为最优反应的状态是否存在？

需要注意的是，参与者以谈判破裂相威胁的目的在于提高其最终从谈判达成的协议中获得的利益分配，所以需要利用纳什谈判解来构造威胁博弈局势，进而求出这个威胁博弈的纳什均衡。这样，就可以为两个参与者找到互为最优反应的威胁策略，称为理性威胁。以双方的理性威胁组合对应的收益分配结果作为谈判破裂点，进而求出相应的纳什谈判解。

假设效用可转移，即假设参与者在博弈中合作获得的收益可按他们事先达成的协议再分配。同时假设双方都是风险中性的。考虑表 4.1 中的博弈局势：

表 4.1　效用可转移的博弈

		乙	
		C	D
甲	A	12，4	-2，3
	B	8，5	3，11

如果这是一个效用不可转移的博弈，那么存在两个纯策略纳什均衡——（A，C）和（B，D），分别对应于收益分配向量（12，4）和（3，11），两个参与者的利益存在明显的冲突，很难预测他们能否就哪一个均衡达成一致意见。这个博弈还存在一个混合策略纳什均衡：

$$\left(\frac{6}{7}A+\frac{1}{7}B，\frac{5}{9}C+\frac{4}{9}D\right)$$

对应于这个混合策略组合，甲、乙双方的预期收益向量为 $\left(\frac{52}{9}, \frac{29}{7}\right)$。

在双方无法就纯策略纳什均衡的选择达成一致的情况下，这个混合策略纳什均衡出现的可能性很高。

不过，也许双方会想到借助外生随机信号来协调各自的行动，从而得到更好的结果。比如，双方事先商定，通过投掷硬币的方式来从两个纯策略纳什均衡中进行选择：若出现正面，就合作促成纳什均衡（A，C），此时甲选择 A 而乙选择 C；若出现反面，就合作促成纳什均衡（B，D），此时甲选择 B 而乙选择 D。容易证明，双方不仅会同意这个通过掷硬币来选择纳什均衡的机制，而且这个机制能够得到双方的自觉遵守。事实上，这类引入外生随机信号来协调参与者行为的机制，若能证明会得到双方的自觉遵守，就构成了"相关策略均衡"①，这是对纳什均衡概念的进一步推广。

在这个相关策略均衡中，甲、乙的预期收益向量为（7.5，7.5），各方的收益都高于混合策略均衡对应的收益。与三个纳什均衡相比，这个相关策略均衡出现的可能性最大。

我们再回到效用可转移的假定。此时，相关策略均衡给双方带来的总收益只有 15；如果双方能够协调行动以促成策略组合（A，C），就可以得到总收益 16；然后再重新分配这 16 个单

① 之所以称为相关策略均衡，是因为不同参与者的策略不是互相独立的。

位的利益，那就可以得到优于相关策略均衡的结果。所以，在效用可转移的情况下，相关策略均衡不符合集体理性的要求。问题在于，对于合作得到的这16单位的总收益，双方应当如何分配?

设想双方同时各自选择一个策略向对方发出威胁，双方的威胁策略就构成了一个威胁策略组合，它所对应的收益分配向量作为谈判破裂点；双方以这个谈判破裂点为基础进行讨价还价，最终可以达成一个利益分配协议，即相应的纳什谈判解。

在参与者风险中性的假定下，可以证明，纳什谈判解满足下式：

$$x_1 - x_2 = d_1 - d_2 \tag{4.32}$$

这意味着，给定一个谈判破裂点，双方在分配协议中的利益差距就等于双方在谈判破裂点上的利益差距。

由于待分配的合作总收益是不变的，亦即

$$x_1 + x_2 = 16$$

故有

$$x_1 = 8 + \frac{1}{2}(d_1 - d_2)$$

$$x_2 = 8 + \frac{1}{2}(d_2 - d_1)$$

双方的威胁博弈是一个常和博弈，等价于一个零和博弈：

$$\text{Max } x_1 \Leftrightarrow \text{Max } (d_1 - d_2), \text{Max } x_2 \Leftrightarrow \text{Max } (d_2 - d_1)$$

所以，威胁博弈局势可以用表4.2所示的非合作博弈来刻画：

表 4.2　威胁博弈

		乙	
		C	D
甲	A	8，-8	-5，5
	B	3，-3	-8，8

威胁策略组合（A，D）是这个博弈唯一的纳什均衡。[①] 因此，甲的威胁策略 A 和乙的威胁策略 D 互为最优反应。我们称 A、D 分别为甲、乙的"理性威胁"。

这表明，基于理性威胁，双方在谈判中达成的利益分配方案必然满足下式：

$$x_1 - x_2 = -5$$

结合 $x_1 + x_2 = 16$，可求得

$$x_1 = 5.5 , x_2 = 10.5$$

这就是上述双人可转移效用合作博弈基于理性威胁的纳什谈判解。

谈判过程可以这样理解：

甲、乙基于共同利益最大化的考虑，就"甲选择 A，乙选择 C"以获得最高总收益达成共识；但关于如何分配这 16 单位的总收益则出现分歧，双方讨价还价。乙要求甲在获得 12 单位收益之后转让 6.5 单位收益给自己，否则，乙就选择 D；而甲

① 实际上，（A，D）是该威胁博弈的占优策略均衡。

只能以选择 A 来威胁乙，因为这是关于乙的威胁（D）的最优反应。[1] 一旦谈判破裂，双方把各自的威胁付诸实施，甲的收益是-2，乙的收益是3；双方基于这个谈判破裂点进行讨价还价，纳什谈判解就是（5.5，10.5）。鉴于此，甲同意乙的要求。

当然，这个利益分配方案远非平均分配，乙之所得大大超过甲，因为乙可以选 D 来有力地威胁甲，甲则缺乏这样一个有力的威胁手段，导致双方在谈判中的地位出现高低之分。

二、不可承诺的可变威胁模型

如果威胁是不可承诺的，意味着一旦谈判破裂，参与者都有选择威胁的自由。这样一来，参与者是否实施先前发出的威胁完全取决于自己届时的意愿。这实质上相当于双方在谈判破裂之后才真正进行威胁博弈。基于理性共识，可由逆向归纳法推断，参与者在威胁博弈中的选择应当构成纳什均衡。在谈判刚开始的时候，参与者都能预见到这一点，所以，在谈判博弈中，谈判破裂点应当是后续威胁博弈中的纳什均衡对应的结果。

下面仍以表 4.1 中的博弈为例来说明。

如果谈判破裂，双方进行对应于表 4.1 的非合作博弈。这个非合作博弈有三个纳什均衡。参与者在两个纯策略均衡中利

---

① 否则，如果甲威胁选 B，谈判破裂点就是（3，11），基于这个谈判破裂点的纳什谈判解为（4，12），甲的收益会更低。

益悬殊，而在混合策略均衡中的利益差距较小。假设双方预期，一旦谈判破裂将出现混合策略均衡的结果，那么双方获得的收益分配向量就是$\left(\frac{52}{9}, \frac{29}{7}\right)$。

这样，在谈判开始的时候，双方将以$\left(\frac{52}{9}, \frac{29}{7}\right)$作为谈判破裂点，根据纳什谈判解，谈判达成的利益分配方案应满足

$$x_1 + x_2 = 16$$

$$x_1 - x_2 = d_1 - d_2 = \frac{52}{9} - \frac{29}{7}$$

可求得

$$x_1 = 8.82, \quad x_2 = 7.18$$

当然，选择威胁博弈中不同的纳什均衡结果作为谈判破裂点，得到的纳什谈判解也不一样。只要威胁博弈存在多重纳什均衡，这类问题就存在。

现在就出现了一个新的问题：如果参与者在谈判开始之前，能够无成本地将本来不可承诺的威胁行动转变为可承诺的威胁行动，他们会不会这样做？仍以表 4.1 的博弈局势为例。一旦某参与者选择了可承诺的威胁行动，比如乙选择了 *D*，就相当于乙率先行动了，他就将谈判破裂点限制在（*A*，*D*）和（*B*，*D*）这两种状态了，对应的结果分别为（-2，3）和（3，11）。显然，甲随后将不得不选择 *A* 作为威胁手段，因为选择 *B* 作为威胁手段对谈判结果的影响会更加糟糕。所以，若在谈判

开始之前，有机会可以无成本地将本来不可承诺的威胁行动转变为可承诺的威胁行动，乙就有动机将威胁转化为可承诺的。显然，甲也有动机将威胁转化为可承诺的。因此，博弈中的参与者都会选择进行具有可承诺威胁的谈判博弈。

第五节 具有可变威胁的轮流出价谈判

在本节，我们继续分析关于流量收益分配的谈判问题。

一、可承诺的可变威胁轮流出价谈判

从理论上讲，轮流出价谈判可以持续无数期。如果每个参与者在整个谈判过程开始之前能够制定一个将在每期采取何种威胁行动的计划，并能够可信地保证自己在实际谈判过程中确实会执行这一威胁计划，那么该计划就称为“可承诺的可变威胁”。

假定两个参与者在谈判开始之前同时相互独立地制定威胁计划。假定参与者在每个时期可选择的威胁行动集合是相同的，即使这些威胁行动的数目是有限的，考虑到参与者可以一定的概率采取随机行动，参与者在每个时期实际可采取的（随机）行动就有无数种。在同一时期，两个参与者可采取的威胁行动组合也有无数种。

乍一看，对于可承诺的可变威胁轮流出价谈判模型，似乎可以根据双方每一种威胁计划组合确定双方在每一期的谈判破

裂点，进而分析这个谈判博弈的子博弈完美纳什均衡。但是，这一做法不仅复杂，而且不可行。一方面，参与者在每期的谈判破裂点并不一定相同，直接分析这样一个无限期的轮流出价谈判问题是复杂的；另一方面，双方的威胁组合有无数种，不可能一一分析。

带有可变威胁的轮流出价谈判问题的博弈规则如下：

设想每个时期都有 1 单位的利益可以分配，参与者 1 和参与者 2 就此问题进行谈判。他们轮流提出方案：参与者 1 在时期 1，3，5，… 提出分配方案，参与者 2 在时期 2，4，6，… 提出分配方案。

每当一个参与者提出分配方案后，另一个参与者在当期可以立即接受或拒绝。在任何时期，一旦参与者拒绝了对方提出的分配方案，双方就进行同时行动的威胁博弈。参与者 1 的可选威胁行动集合为 A_1，参与者 2 的可选威胁行动集合为 A_2。双方在威胁博弈中的收益函数分别为 $u_1(a_1, a_2)$ 和 $u_2(a_1, a_2)$，并假设：

$$u_1(a_1, a_2)+u_2(a_1, a_2)\leqslant 1$$

同时假定双方在威胁博弈中的最小最大值[①]都等于 0。

将双方在时期 t 的威胁行动组合记为 $a^t=(a_1^t, a_2^t)$。

① 参与者 i 的最小最大值定义为 $\bar{v}_i=\min\limits_{s_j\in S_j}\max\limits_{s_i\in S_i}u_i(s_i, s_j)$，其中 s_i 和 s_j 分别表示参与者 i 和 j 所选择的策略（纯策略或混合策略）。

由于现在讨论的是可承诺的威胁，我们可以假定双方在威胁博弈中的行动计划是在整个谈判博弈开始之前就已经拟定、宣布并不可改变的。

在时期 t，只要双方没有达成协议，双方在该时期就得到威胁博弈的结果（$u_1^t(a^t)$，$u_2^t(a^t)$），亦即该期的谈判破裂点 $d^t=(d_1^t, d_2^t)$，且 $d_1^t+d_2^t<1$。一旦双方就某一分配方案达成协议，双方在当期以及未来各期都得到方案中规定的份额。

假设两个参与者的贴现因子相同，都为 $\delta\in(0, 1)$。

我们将参与者 1 首次提出的分配方案记为（x_1，$1-x_1$），其中 x_1 表示参与者 1 获得的份额；将参与者 2 首次提出的分配方案记为（$1-y_2$，y_2），其中 y_2 表示参与者 2 获得的份额。

卢茨-亚历山大·布什（Lutz-Alexander Busch）和闻泉（Quan Wen）证明，对于任何威胁行动组合序列 a^t，$t=1, 2, \cdots$，上述谈判博弈存在唯一的子博弈完美纳什均衡解，并能在第 1 期达成协议；其中，参与者 1 在轮到自己出价时会索取如下份额：

$$x_1^*=\frac{1}{1+\delta}+(1-\delta)\sum_{j=0}^{\infty}\delta^{2j}[\delta u_1(a^{2j+2})-u_2(a^{2j+1})] \quad (4.33)$$

类似地，参与者 2 在轮到自己出价时会索取如下份额[①]：

① 参见 Lutz-Alexander Busch and Quan Wen, "Perfect Equilibria in a Negotiation Model," *Econometrica*, Vol. 63, No. 3, 1995, pp. 545-565。他们实际给出的是 $1-y_2^*$ 的表达式，但其式疑误。

$$y_2^* = \frac{1}{1+\delta} + (1-\delta)\sum_{j=0}^{\infty}\delta^{2j}[\delta u_2(a^{2j+1}) - u_1(a^{2j+2})]$$

(4.34)

显然，双方在谈判前选择威胁行动的博弈是一个零和博弈。根据 x_1^* 的表达式，我们可以对参与者 1 的目标进行等价变换：

$$\max x_1^* \Leftrightarrow \max \sum_{j=0}^{\infty}[\delta u_1(a^{2j+2}) - u_2(a^{2j+1})]$$

由于这是可承诺的威胁，不同时期的威胁组合之间互不相关，因此①

$\max x_1^* \Leftrightarrow \max u_1(a^{2j+2})$ 且 $\max[-u_2(a^{2j+1})]$，$j = 0, 1, 2, \cdots$

每个时期的威胁博弈也是零和博弈，根据冯·诺依曼的最小最大定理②，我们可以得到参与者 1 的均衡威胁策略：

$$\hat{a}_1^{2j+1} = \arg\max_{a_1\in A_1}\min_{a_2\in A_2}[-u_2(a)],\quad j = 0, 1, 2, \cdots \tag{4.35}$$

$$\hat{a}_1^{2j+2} = \arg\max_{a_1\in A_1}\min_{a_2\in A_2} u_1(a),\quad j = 0, 1, 2, \cdots \tag{4.36}$$

参与者 2 的均衡威胁策略为

---

① 此处受到豪巴和博特的启发。在他们有关存量利益谈判的模型中，谈判过程存在外生终止的概率；一旦谈判过程终止，双方同时选择威胁行动，整个博弈结束。他们根据布什和闻的结论，即式（4.33）进行推导。参见 Harold Houba and Wilko Bolt, *Credible Threats in Negotiations: A Game-theoretic Approach*, Boston: Kluwer Academic Publishers, 2002, pp. 180-184。

② 参见〔印度〕Y. 内拉哈里：《博弈论与机制设计》，曹乾译，中国人民大学出版社 2017 年版，第 122 页。

$$\hat{a}_2^{2j+1} = \arg\max_{a_2 \in A_2} \min_{a_1 \in A_1} u_2(a), \quad j = 0, 1, 2, \cdots \tag{4.37}$$

$$\hat{a}_2^{2j+2} = \arg\max_{a_2 \in A_1} \min_{a_1 \in A_1} [-u_1(a)], \quad j = 0, 1, 2, \cdots \tag{4.38}$$

记

$$d_1^* = u_1(\hat{a}_1^{2j+2}, \hat{a}_2^{2j+2}) \tag{4.39}$$

$$d_2^* = u_2(\hat{a}_1^{2j+1}, \hat{a}_2^{2j+1}) \tag{4.40}$$

则有

$$x_1^* = \frac{1}{1+\delta} + (1-\delta)\sum_{j=0}^{\infty} \delta^{2j}[\delta d_1^* - d_2^*]$$

$$= \frac{1 - d_2^* + \delta d_1^*}{1+\delta}$$

这就是参与者 1 在均衡中索取的份额；换言之，参与者 1 在均衡中提出的分配方案为

$$(x_1^*, x_2^*) = \left(\frac{1 - d_2^* + \delta d_1^*}{1+\delta}, \frac{\delta + d_2^* - \delta d_1^*}{1+\delta}\right) \tag{4.41}$$

参与者 1 在第 1 期提出这个分配方案时，参与者 2 就会接受。

容易看出，当 $\delta \to 1$，即参与者都具有无限耐心时，这个收益分配方案收敛于以 (d_1^*, d_2^*) 为谈判破裂点的纳什谈判解。

举一个简单的例子。甲、乙双方准备就每期 1 单位的流量收益进行谈判。假设在谈判开始之前，双方同时独立地为今后每个时期制订可承诺的威胁行动计划，单期威胁博弈的收益矩阵如表 4.3 所示。其余假定同前。

表 4.3　威胁博弈局势

		乙	
		C	*D*
甲	*A*	0.9，0	-0.5，-0.1
	B	0.5，0.1	0，0.7

显然，两个参与者的最小最大值都为0。

我们可以根据式（4.35）-（4.38）求出参与者1和参与者2在均衡中的威胁计划，分别为

$$\hat{a}_1^t = \begin{cases} A, & if\ t = 2j + 1, \quad j = 0, 1, 2, \cdots \\ B, & if\ t = 2j + 2, \quad j = 0, 1, 2, \cdots \end{cases}$$

$$\hat{a}_2^t = \begin{cases} C, & if\ t = 2j + 1, \quad j = 0, 1, 2, \cdots \\ D, & if\ t = 2j + 2, \quad j = 0, 1, 2, \cdots \end{cases}$$

这表明，根据双方的威胁计划，在奇数期，将出现威胁行动组合（*A*，*C*），对应的谈判破裂点为（0.9，0），故 $d_2^* = 0$；在偶数期，将出现威胁行动组合（*B*，*D*），对应的谈判破裂点为（0，0.7），故 $d_1^* = 0$。

参与者1在均衡中提出的分配方案为

$$(x_1^*, x_2^*) = \left(\frac{1}{1+\delta}, \frac{\delta}{1+\delta}\right)$$

显然，参与者1在均衡中的利益分配高于参与者2。当 $\delta \to 1$ 时，收益分配方案趋于（0.5，0.5）；即当参与者都具有无限耐心时，这个收益分配方案收敛于以（0，0）为谈判破裂点的纳什谈判解。

二、不可承诺的可变威胁模型

如果威胁是不可承诺的，就相当于在任一参与者提出的分配方案被拒绝时，双方进行威胁博弈，随后再进入下一轮谈判。由于当期威胁博弈的结果并不影响参与者在后续博弈中获得的收益①，如果双方在每期的威胁博弈中采取达到纳什均衡的威胁行动，这样的威胁策略就可以包含在整个谈判博弈的子博弈完美均衡的策略之中。不妨将双方所采取的纳什均衡威胁行动组合记为 $a^{\#}$ 。

布什和闻证明，对于这种具有不可承诺的可变威胁轮流出价谈判问题，存在这样的子博弈完美纳什均衡，其中，参与者在威胁博弈中采取纳什均衡威胁行动，双方在每期提出如下方案并能在第 1 时期达成协议：

$$x_1^*(u(a^{\#})) = \frac{1+\delta u_1(a^{\#}) - u_2(a^{\#})}{1+\delta}$$

$$y_2^*(u(a^{\#})) = \frac{1+\delta u_2(a^{\#}) - u_1(a^{\#})}{1+\delta}$$

如果威胁博弈存在多重纳什均衡，那么整个谈判博弈就也会存在多重子博弈完美纳什均衡。

总之，本章的主题与前两章既密切相关，又很不一样。前两章关于威慑和胁迫的研究缺乏对妥协的关注，而很多冲突都

① 至少就我们所寻求的均衡策略组合而言，可以做出这样的假定。

以妥协告终。一方面，谈判在本质上是一种基于威胁的相互胁迫；另一方面，谈判的目的在于达成妥协，这意味着不仅存在一系列可选的利益分配方案，而且一旦达成协议，该协议对于参与者具有约束力。前两章对于威慑和胁迫的研究完全基于非合作博弈论，本章对于谈判的研究则涵盖了非合作博弈论与合作博弈论。

轮流出价谈判问题的研究完全基于非合作博弈论，本章分析了固定顺序的轮流出价谈判、无固定顺序的轮流出价谈判以及具有可变威胁的轮流出价谈判。经典纳什谈判理论的研究完全基于公理化方法，属于合作博弈论的范畴；具有可变威胁的纳什谈判理论的研究则融合了非合作博弈论与合作博弈论。不过，即使是经典纳什谈判理论，我们也可以从非合作博弈论入手推导出相同的结果，这也恰好从一个侧面揭示了以公理化方法为基础的纳什谈判理论与非合作博弈论之间的内在联系。

本章系统梳理、分析了关于谈判的各种典型模型。本章较有新意的地方在于，通过引入马尔科夫过程，将围绕流量利益的轮流出价谈判模型推广到无固定顺序出价的一般模型，并求出了相应的均衡解；对于围绕流量利益且具有可承诺的可变威胁的轮流出价谈判模型，本章也求出了均衡解。

第五章 现实世界中的博弈复杂性

统治者、政治家和各个民族通常被建议要从历史经验中吸取教训。但是经验和历史能教导给人们的通常是这些东西，即各个民族和政府从来不从历史中学习什么东西，它们也不会吸取可能从历史中得到的任何教训。每个时代和每个民族都会发现自身的处境是如此特殊，以至于它们必须依赖自身来做出判断，并且只有伟大的个人才能判断清楚什么是正确的进路。①

——黑格尔

现实的人是“经济人”“政治人”“道德人”“宗教人”等多种人的综合体。一个人如果只是纯粹的“政治人”，他将是一只野兽，因为他丝毫不受道德的约束。一个人如果只是纯粹的“道德人”，他将是一个蠢人，因为他根本缺乏谋略。一个人如果只是纯粹的“宗教人”，他将是一个圣徒，因为他根本没有世俗的欲望。②

——汉斯·摩根索

---

① 〔德〕黑格尔:《黑格尔历史哲学》，潘高峰译，九州出版社 2011 年版，第 15 页。

② 〔美〕汉斯·摩根索:《国家间政治：权力斗争与和平（简明版）》，徐昕等译，北京大学出版社 2012 年版，第21 页。

在第二至四章，我们对威慑、胁迫和谈判的分析都建立在参与者具有理性共识这一假定的基础之上，而且分析的问题主要限于两个理性的对手。在现实世界中，博弈问题或许错综复杂。博弈参与者往往并不满足理性共识的要求；参与者的动机未必是纯粹的物质利益；参与者的数量或许超过 2 个；甚至参与者并非独立的个体，而是一个虚拟的主体，比如政府或其他组织，其行动选择或许是集体决策的结果……

本章仅就几个特定的方面加以讨论。

第一节　相互依赖与策略思维的复杂性

一、相互依赖的复杂性

博弈论研究个体之间利益互相依存情况下的交互式决策问题，或称策略交互问题。如果个体的利益完全一致，决策也就非常简单了——选择集体最优的行动即可，因为此时集体最优等价于个体最优。困难出现在个体利益不一致的情形，此时就会出现矛盾和冲突。这种矛盾和冲突的表现形式多种多样，但从更深层次的机理来看，却并不复杂。哈罗德·凯利（Harold H. Kelley）和约翰·蒂博（John W. Thibaut）将个体之间的策略性关系拆解为三个组成部分——反身性控制（Reflexive Control, RC）、命运控制（Fate Control, FC）和行为控制（Behavior

Control，BC），我们在这部分着重阐述他们的思想。[①]

假设个体追求的目标是利益，他们对上述三个组成部分的解释如下：

所谓反身性控制，是指无论其对手如何行动，个体能够自主地控制某一部分收益；所谓命运控制，是指无论个体自己如何行动，他的某一部分收益是由对手的行动决定的；所谓行为控制，是指个体的一部分收益只有通过个体与对手的协调行动才能获得。

可以用表 5.1 所示的二人博弈说明他们的思想。

表 5.1　二人静态博弈

		A	
		a_1	a_2
B	b_1	20，15	8，20
	b_2	15，-2	-2，6

这个博弈存在一个占优策略均衡（b_1，a_2），参与者 A 获得的收益为 20，而参与者 B 获得的收益仅为 8。为什么参与者 A 获得的收益远高于参与者 B 呢？我们可以根据哈罗德·凯利和约翰·蒂博的思想将每个参与者的收益进行分解，一探究竟。

① 参见 Harold H. Kelley, and John W. Thibaut, *Interpersonal Relations: A Theory of Interdependence* (New Wiley), inferred from John A. Kroll, "The Complexity of Interdependence," *International Studies Quarterly*, Vol. 37, No. 3, 1993, pp. 321-347。

以参与者 B 为例，可以将他在每种状态下的收益分解为上述三部分，如图 5.1 所示[①]。

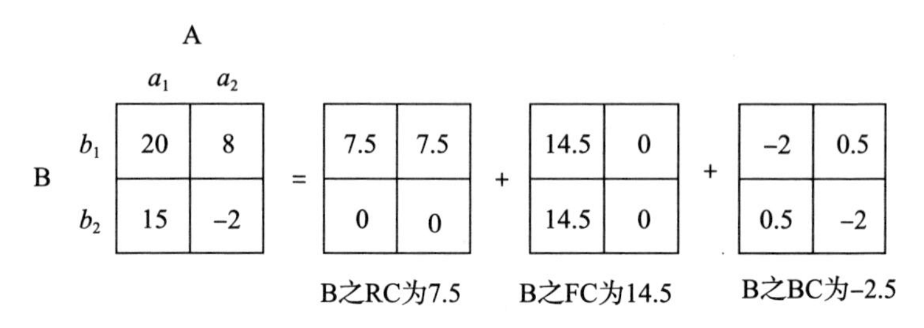

图 5.1　参与者 B 的收益分解

参与者 B 选择 b_1 获得的收益比选择 b_2 获得的收益平均多 7.5，这就是所谓反身性控制；无论参与者 B 自己如何选择，参与者 A 选择 a_1 给参与者 B 带来的收益比选择 a_2 给参与者 B 带来的收益平均多 14.5，这就是所谓命运控制。如果双方按照左下角或右上角的单元格所代表的行动组合选择，参与者 B 的收益可以增加 0.5；如果双方按照左上角或右下角的单元格所代表的行动组合选择，参与者 B 的收益会下降 2，因此，参与者 B 的行为控制收益为-2.5。

类似地，参与者 A 在各种状态下的收益也可以分解为这三部分。这样，我们就可以得到图 5.2 中，每个单元格左下角的数值为参与者 B 的收益，右上角的数值为参与者 A 的收益。

从图 5.2 可以看出，参与者 A 的利益（15.5）受到命运控

① 具体分解方法参见 John A. Kroll, "The Complexity of Interdependence," *International Studies Quarterly*, Vol. 37, No. 3, 1993, pp. 321-347。

制很大的影响，而参与者 A 的命运控制被参与者 B 控制。参与者 B 从自身利益（即反身性控制）出发会选择 b_1，而这一选择从命运控制的层面来看恰好能够增进参与者 A 的利益。换言之，参与者 B 的自利行为恰好有利于参与者 A，所以参与者 A 的收益（20）很大。

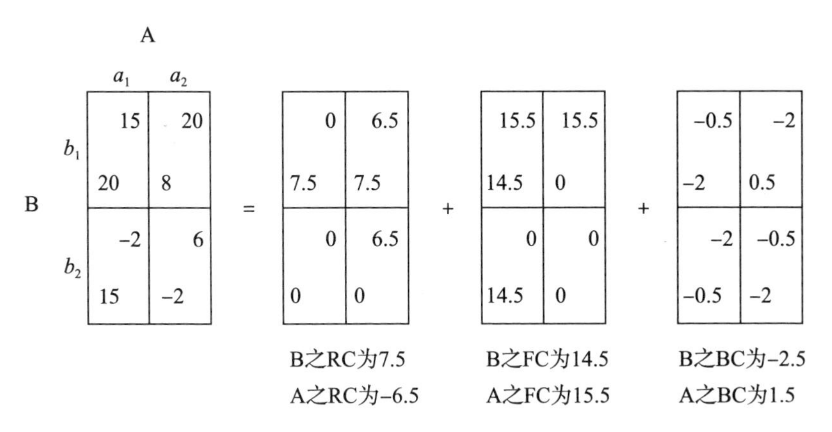

图 5.2　参与者 A 和 B 的收益分解

但就参与者 B 而言，结论则迥然不同。参与者 A 从自身利益出发（即反身性控制）会选择 a_2，但这一选择从命运控制的层面来看恰好损害了参与者 B 的利益。所以，参与者 A 获得的收益（8）不大。

哈罗德·凯利和约翰·蒂博关于个体之间相互依赖关系的分解思想可以启发我们对于中美关系变化的思考。

在改革开放的前三十年，中国不仅在经济规模上远不及美国，而且在技术水平上也与美国存在巨大差距。在这样的背景下，美国对中国采取接触、开放甚至包容的政策，能够为美国企业开辟巨大的市场并帮助美国企业利用中国规模庞大的廉价劳动力，同时也能以低廉的价格从中国进口大量技术含量不高的普通商品，因此符合美国的自身利益；而美国的这种政策从命运控制的角度来看恰好符合中国的利益。

但是，随着中国经济的持续高速增长，不仅中国的经济规模迅速接近美国，而且中国的技术水平也不断增强，中国经济现在正努力转型升级；美国尽管每年从中国进口大量廉价的商品，但制造业空心化产生了严重的失业问题。无论是在国际影响力层面还是在企业竞争层面，中国与美国的竞争性日益凸显。在这种新的背景下，继续对中国采取接触、开放甚至包容的政策就不再符合美国的自身利益（即违背 RC）；而美国的这种政策转变从 FC 的角度来看就会损害中国的利益。于是，前所未有的中美矛盾就产生了。

这里，我们仅仅讨论了参与者之间相互依赖关系的复杂性。事实上，参与者在互动和竞争中可以策略性地采取行动，这就使得参与者之间的博弈问题更加复杂。

二、策略思维的复杂性

我们首先来分析一个虚构的博弈问题。

假设有 30 双名贵皮鞋，市场价为每双 1 万元。个体 A 拿走了 30 只左脚鞋，剩余 30 只右脚鞋被一群个体获得。进一步假设这群个体恰好有 30 个人，不妨分别编号 B_1，B_2，…，B_{30}，而且假定每人得到了1只右脚鞋。为了方便起见，我们将这群持有右脚鞋的个体构成的集合简记为 $\{B_i\}$。假设所有31人都是风险中性的。

无论多么名贵，只有配对成双的皮鞋才有价值；单只皮鞋一文不值。所以，就目前这些皮鞋在个体中的分布来看，任何一个参与者拥有的皮鞋都是毫无价值的。只有个体之间合作才能够创造价值，而且这种有价值的合作只能发生在个体A与 B_i 之间，其中 $i=1$，…，30。

显然，这些个体一定有动机通过合作来获利。但问题在于，个体在围绕合作问题谈判时，必须就合作取得的利益如何分配达成协议。

假设谈判规则是这样的：

个体A依次与 $\{B_i\}$ 中的个体进行一对一的谈判，而且与每一个体仅进行一次谈判，若没达成协议就意味着双方的谈判彻底破裂。A面临的谈判对象依次为 B_1，B_2，…，B_{30}。

我们假定，$\{B_i\}$ 中的个体既不能互相转让右脚鞋，也不能结成联盟来与个体A谈判。其原因或许是群体过于分散，或许是法律不允许，等等。

给定上述游戏规则，在A与 B_i 的双边谈判中，我们可以尝试借助纳什谈判解确定双方的利益分配方案。如果A与 B_i 的谈判破裂了，那么，B_i 现在拥有的那一只右脚鞋就一文不值，故 B_i 的谈判破裂点为0。可是，另一方面，A即使能与 B_i 之后的其他对手都达成协议，他也有 1 只左脚鞋是多余的，而这只左脚鞋本来是用来与 B_i 谈判的标的物。由此看来，A 的谈判破裂点也为 0。这样，根据纳什谈判解，A 与 B_i 达成的协议应当是——双方合作配出一双皮鞋，按市场价卖得 1 万元，然后平分合作产生的收益，即每人各得 5000 元。

不过，我们现在设想突然发生了变故——个体 A 在整个谈判开始之前当众烧毁了自己拥有的 3 只左脚鞋。这样一来，A 只能带着 27 只左脚鞋来谈判了。

现在，第一场谈判在 A 与 B_1 之间展开。他们会达成怎样的利益分配方案？显然，一旦谈判破裂，B_1 现在拥有的那只右脚鞋就一文不值，故 B_1 的谈判破裂点是 0。不过，即使谈判破裂，A 现在拥有的左脚鞋也只有 27 只，A 的谈判破裂点是多少呢？目前看来似乎难以确定，因而也难以预言 A 是否会与 B_1 达成谈判协议，以及可能达成怎样的协议。

我们暂时跳过如何确定 A 在与 B_1 的谈判中他的谈判破裂点这一难题。现在假设，A 与 B_1、B_2 和 B_3 这三个人的一对一谈判都破裂了，现在 A 即将与 B_4 进行双边谈判。此刻，A 还拥有 27 只左脚鞋，而 B_4，B_5，…，B_{30} 一共拥有的右脚鞋也是 27 只。显然，此刻 A 与 B_4 的谈判破裂点都是 0，因此，A 与 B_4 应当能够达成协议——双方合作配出一双皮鞋，按市场价卖得 1 万元，然后平分合作产生的收益，即每人各得 5000 元。

现在往后倒退一步。假设 A 与 B_1、B_2 的谈判已经破裂，A

即将与 B_3进行双边谈判。此刻，A 还拥有 27 只左脚鞋，而 B_3，B_4，…，B_{30}一共拥有的右脚鞋是 28 只。显然，B_3的谈判破裂点是 0，但 A 的谈判破裂点并不是 0。一旦谈判破裂，A 在后续与 B_4的谈判中能够达成协议，拿出一只左脚鞋与 B_4配成一双，从而分得 5000 元的收益，而这只左脚鞋本来也可以用于前一轮与 B_3配成一双的。由此可见，在 A 与 B_3的双边谈判中，A 的谈判破裂点是 5000 元。因此，根据纳什谈判解，A 可以与 B_3达成协议——双方配出一双鞋后，按市场价卖得 1 万元，然后平分合作产生的收益（= 10 000 - 5000）。故 A 应该分得 7500 元（= 5000 + 2500），而 B_3分得 2500 元。

再往后倒退一步，假设 A 与 B_1的谈判已经破裂，A 即将与 B_2进行双边谈判。显然，B_2的谈判破裂点为 0；而 A 的谈判破裂点则为一旦谈判破裂，他在下一轮与 B_3谈判中达成协议从而获得的 7500 元。因此，根据纳什谈判解，A 可以与 B_2达成协议——双方配出一双鞋后，按市场价卖得 1 万元，然后平分合作产生的收益（= 10 000 - 7500）。故 A 应该分得 8750 元（= 7500 + 1250），B_2分得 1250 元。

现在分析整个博弈刚开始的时候，在 A 与 B_1之间进行的第一场谈判。显然，B_1的谈判破裂点为 0；而 A 的谈判破裂点则为一旦谈判破裂，他在下一轮与 B_2谈判中达成协议从而获得的 8750 元。因此，根据纳什谈判解，A 可以与 B_1达成协议——双方配出一双鞋后，按市场价卖得 1 万元，然后平分合作产生的收益（=10 000-8750）。故 A 应该分得 9375 元（=8750+625），B_2分得 625 元。

在 A 与 B_1之间的第一场谈判达成（9375，625）的利益分配协议之后，A 还剩余 26 只左脚鞋，而 B_2，B_3，…，B_{30}一共拥有的右脚鞋是 29 只。这样，在 A 与 B_2进行的双边谈判中，B_2的谈判破裂点为 0，而 A 的谈判破裂点仍然为 8750 元。因此，根据纳什谈判解，A 可以与 B_2达成协议——双方配出一双鞋后，按市场价卖得 1 万元，然后平分合作产生的收益（=10 000-8750）。故 A 分得 9375 元，B_2分得 625 元。

依此类推可以看出，在 A 与 B_1，B_2，…，B_{27}依次进行的 27 场双边谈判中，A 都处于绝对优势地位，他在每场谈判中都可以获得 9375 元的收益，总收益超过 25 万元，远高于他不烧鞋而带着 30 只左脚鞋参加谈判可以获得的 15 万元收益。

为什么烧自己的鞋这种看似不可理喻的行动反而可以大大增进 A 的利益？因为这种行动人为地造成了左脚鞋供应的短缺，从而增强了 A 在与对手谈判中的谈判地位。

归根结底，A 在谈判中的强势地位来自 A 对于左脚鞋的垄断，进而利用这种垄断地位控制左脚鞋的供应量；而分散化的对手由于各种原因无法结成联盟，因而无法作为整体来与 A 进行谈判。

尽管这只是一个虚构的例子，但在现实世界中类似的例子不胜枚举。比如，在房地产行业中，地方政府对土地的垄断；在电信、金融等行业中政府对牌照的垄断；在半导体行业，荷兰 ASML 公司对高端光刻机的垄断；在国际金融体系中，美国对 SWIFT 系统[1]的实际控制等，在本质上是相同的。

第二节 权力与零和思维

在第一章中，我们讨论了权力、利益与个体动机的关系，并通过博弈实验证实，在个体的意识或潜意识中，权力具有内在价值。也就是说，即使在权力并不能用来攫取经济利益的场合，人们也认为权力本身就具有内在价值，至少有一部分个体为了追求这种权力而宁可牺牲一部分经济利益。

在本节，我们将探讨个体追求权力的动机与零和思维之间的关系，因为零和思维会影响个体在博弈中的行动选择，甚至直接导致个体之间合作局面的瓦解。

个体的权力动机是否导致零和思维？或者说，权力之争究竟是不是零和博弈？这一直是政治学中存在争议的问题。在本节，我们并不假定权力是零和的，而是在非零和博弈的背景下，通过博弈实验观察个体的行为选择，进而判断个体在权力

---

① SWIFT 是“全球同业银行金融电信协会”的简称，是一个银行间非营利性的国际合作组织，成立于 1973 年，总部设在比利时，同时在荷兰和美国分别设立交换中心。目前，几乎所有的金融机构都接入 SWIFT 系统，通过该系统可以实现与其他国家银行的金融交易。美国的 CHIPS（美元大额清算系统）是 SWIFT 的重要组成部分，全球大部分美元跨境支付通过 CHIPS 完成。美国不仅可以通过 CHIPS 来控制 SWIFT，而且美国可以使用 SWIFT 的数据信息实施来对任何组织或国家的经济制裁。

博弈中是否基于零和思维选择行动。随后，我们从演化博弈论的角度对所观察到的结果加以解释。

一、博弈实验

考虑表 5.2 描述的博弈局势：

表 5.2 完全信息静态博弈

		乙	
		A	*B*
甲	*A*	1，1	28，2
	B	2，28	30，30

设想两种不同的博弈背景：

背景一：

参与者追逐权力，表中数值代表权力大小。

我们不妨将此背景下的博弈称为权力博弈。

背景二：

参与者追逐经济利益，表中数值代表经济利益大小。

我们不妨将此背景下的博弈称为利益博弈。

如果每个参与者追求自身利益或自身权力最大化，在表 5.2 的博弈中，行动 B 是每个参与者的严格占优策略，此时任何理性的参与者根本不应当选择行动 A。与囚徒困境博弈不同的是，在表 5.2 的博弈中，双方都选择行动 B 不仅符合个体理性，而且符合集体理性。无论对手怎么想、怎么做，自利型的参与者都

应当选择行动 B。任何选择行动 A 的参与者一定不是自利型的。

为了观察人们在权力博弈和利益博弈中的行为是否存在差异，我们于 2018 年 3 月 11 日在北京大学“博弈论与公共政策”课堂上做了博弈实验。共有 126 名学生参加实验，全部是 2016 级和 2017 级 MPA 学生。

在这 126 名学生中，从性别来看，有男生 56 名，占 44.44%，有女生 70 人，占 55.56%；从职业来看，有 88 人在党政机关工作，占 69.84%，有 38 人不在党政机关工作，占 30.16%。从参加工作年限来看，最短者仅有 2 年，最长者达 17 年，平均工作年限为 5.83 年。

我们将全部学生随机划分为两部分，分别有 62 人和 64 人，前一部分学生每两人一组进行权力博弈，后一部分学生每两人一组进行利益博弈。接下来，我们让前一部分学生按每两人一组重新分组进行利益博弈，同时让后一部分学生按每两人一组重新分组进行权力博弈。

由于博弈局势对于参与者来说是对称的，我们可以将 126 名学生在权力博弈和利益博弈中选择的行动直接汇总，结果如表 5.3 所示：

表 5.3　权力博弈与利益博弈的实验结果汇总

权力博弈中的行动	利益博弈中的行动	人数	人数比例
A	A	11	8.73%
A	B	83	65.87%

（续表）

权力博弈中的行动	利益博弈中的行动	人数	人数比例
B	*A*	7	5.56%
B	*B*	25	19.84%

从表 5.3 可以看出，在利益博弈中，选择行动 *B* 的参与者共有 108 人，占 85.71%；在权力博弈中，选择行动 *B* 的参与者只有 32 人，占 25.40%，而选择行动 *A* 的参与者有 94 人，占 74.60%。高达 65.87%的参与者在权力博弈中选择行动 *A*，且在利益博弈中选择行动 *B*。相反，在权力博弈中选择行动 *B* 而在利益博弈中选择行动 *A* 的参与者仅占 5.56%。有 36 名参与者在权力博弈中选择的行动与在利益博弈中选择的行动相同，这些参与者共占 28.57%。

为什么在博弈实验中仍然有不少人选择行动 *A* 呢？尤其是在权力博弈中，绝大多数参与者选择了行动 *A*。主要原因在于，很多人在权力博弈中秉持“零和思维”，追求超越于对手的最大化权力。如果每个参与者都采取这种思维，那么，他们心中的博弈局势实际上如表 5.4 所示：

表 5.4　完全信息静态博弈

		乙	
		A	*B*
甲	*A*	1−1，1−1	28−2，2−28
	B	2−28，28−2	30−30，30−30

现在，从具有零和思维参与者的角度来看，A 是严格占优策略，选择行动 A 是唯一符合理性的选择。

由此可见，参与者在不同的博弈背景下依据不同的思维方式选择行动。在利益博弈中，大多数参与者从自身利益最大化出发采取行动；在权力博弈中，大多数参与者从零和思维出发采取行动。

事实上，在实验中选择行动 A 的参与者确实是从零和博弈思维出发做决策的。尽管我们不要求学生说明其做决策时的思考，还是有部分学生在实验结果下方做了说明。在权力博弈中选择行动 A 的参与者里，有人写道，“权力与利益区别在于相对还是绝对最大化”；有人写道，“因为权力博弈看相对值，利益博弈看绝对值”；还有人写道，“在选择 A 的情况下，自己的权力大于或等于对方的权力”。这些说法都体现了零和思维。

参与者在博弈实验中的行为是否受到了职业的影响？

在权力博弈中，我们对参与者的行为选择和职业的观测频数进行交叉分组，结果如表 5.5 所示：

表 5.5　权力博弈实验中的行为与职业

		行为		
		A	B	小计
职业	公务员	66	22	88
	非公务员	28	10	38
	小计	94	32	

利用卡方统计量检验参与者的行为是否独立于其职业，可得

$$\chi^2 = 0.0243, \quad p \text{值} = 0.876$$

显然，即使在0.10的水平下，该检验仍然是不显著的，可以认为参与者在权力博弈中的行为与其职业无关。

在利益博弈中，我们对参与者的行为选择和职业的观测频数进行交叉分组，结果如表5.6所示：

表5.6　利益博弈实验中的行为与职业

		行为		
		A	*B*	小计
职业	公务员	12	76	88
	非公务员	6	32	38
	小计	18	108	

利用卡方统计量检验参与者的行为是否独立于其职业，可得

$$\chi^2 = 0.1005, \quad p \text{值} = 0.751$$

该检验也不显著，可以认为参与者在利益博弈中的行为与其职业无关。

二、基于演化博弈论的机理分析

不放弃理性参与者的假定，但允许参与者有小概率犯错的可能性，莱因哈德·泽尔滕（Reinhard Selten）提出了完美均衡

的概念，作为对纳什均衡的进一步精炼。[①]

放弃理性参与者的假定，约翰·梅纳德·史密斯（J. Maynard Smith）和普里斯（G. R. Price）率先从生物学角度出发提出了演化稳定策略（ESS）的概念。[②] 这里根据约翰·梅纳德·史密斯的表述介绍他们的思想。[③]

假设有两种动物为了争夺价值为 V 的资源，比如较好的栖息地，而展开竞争。所谓“价值”，这里是指通过竞争获得该资源的那种动物的达尔文适应性之增加值，其大小为 V。如果占据有利栖息地的动物平均能养育 5 个后代，而那些生活在不利栖息地的动物只能养育 3 个后代，那么 V 就等于 2 个后代（$5-3=2$）。

面对竞争时，假设由于先天遗传，一种动物只采取“鹰”（H）策略，即“战斗，仅当自己受伤或对手撤退时才停止战斗”；另一种动物只采取“鸽”（D）策略，即“虚张声势，当对手开始战斗时立刻撤退”。

如果两种动物都采取“鹰”策略，则其中某种动物迟早将因受伤而被迫撤离，并且以其适应性下降 C 为受伤的代价。假

---

① 参见 Reinhard Selten, “Reexamination of the perfectness concept for equilibrium points in extensive games,” *International Journal of Game Theory*, Vol. 4, No. 1, 1975, pp. 25-55。

② 参见 J. Maynard Smith and G. R. Price, “The Logic of Animal Conflict”, *Nature*, Vol. 246, No. 5427, 1973, pp. 15-21。

③ 参见〔英〕约翰·梅纳德·史密斯：《演化与博弈论》，潘春阳译，复旦大学出版社 2008 年版，第 12—21 页。

设两种动物受伤的概率相等。

假设两种动物的数量都很多，每一个体在竞争中面临的对手是随机的，因而就存在三种可能的遭遇：

当“鹰”策略遭遇“鹰”策略时，每一个竞争者都有50%的机会伤害对手而获得资源 V，也有50%的可能因受伤而撤退。这样，在竞争开始之前，双方的期望收益都是 $(V-C)/2$。

当“鹰”策略遭遇“鸽”策略时，前者获得了资源，后者在可能受伤之前就从竞争中撤退。双方的收益分别是 V 和 0。

当“鸽”策略遭遇“鸽”策略时，资源被两个竞争者平等地分享，双方的收益都是 $V/2$。[①]

这样，我们可以将双方面临的博弈局势用表 5.7 的双变量矩阵刻画：

表 5.7　鹰鸽博弈的局势

	鹰（H）	鸽（D）
鹰（H）	$(V-C)/2$，$(V-C)/2$	V，0
鸽（D）	0，V	$V/2$，$V/2$

若 $V>C$，无论遭遇的对手类型是“鹰”（H）还是“鸽”（D），“鹰”策略都能获得比“鸽”策略更高的适应值。由于种群规模很大，无论是“鹰”策略型个体还是“鸽”策略型个体，

① 如果资源是不可分割的，比如一个不大的巢穴，那么竞争者将耗费大量的时间来虚张声势，双方将陷入“消耗战”博弈，需要另行分析。

它们所遭遇对手类型的概率分布是相同的。这样一来,“鹰”策略型个体在生存竞争中就比“鸽”策略型个体更占优势，其适应值更高，繁衍的后代更多，在整个种群中所占的比例会越来越高。随着时间的推移,“鸽”策略型个体在种群中所占的比例越来越低，走向灭绝。最后，种群全部由“鹰”策略型个体构成，这就是一种演化稳定状态；我们称“鹰”策略是这个演化博弈的演化稳定策略。可以看出，整个分析过程中完全不涉及理性这一概念。

下面着重分析 $V < C$ 的情形。

当遭遇的对手属于“鸽”类型时,“鹰”策略型个体获得的适应性高于“鸽”策略型个体；当遭遇的对手属于“鹰”类型时,“鹰”策略型个体获得的适应性低于“鸽”策略型个体。

假设初始状态为“鹰”策略型个体构成整个种群。若在遗传繁殖中出现了少量变异，即出现了少量“鸽”策略型个体。由于“鸽”策略型个体在整个种群中所占比例很低，任一个体都以很高的概率遭遇“鹰”策略型个体，这样,“鸽”策略型个体在竞争中就比“鹰”策略型个体具有更高的期望适应性，从而能够繁殖更多后代,“鸽”策略型个体在整个种群中所占的比例就会上升。

“鸽”策略型个体所占比例会上升到何种程度？假设“鹰”策略型个体所占比例为 p，此时任一“鹰”策略型个体在面临竞争时的期望收益就为

$$E[U(H)] = p \cdot (V - C)/2 + (1 - p) \cdot V$$

而任一“鸽”策略型个体在面临竞争时的期望收益则为

$$E[U(D)] = (1 - p) \cdot V/2$$

令上述两式相等，则可求得

$$p^* = V/C$$

以 $V=2$，$C=3$ 为例，“鹰”策略型个体与“鸽”策略型个体的期望收益随 p 变化的情况如图 5.3 所示。

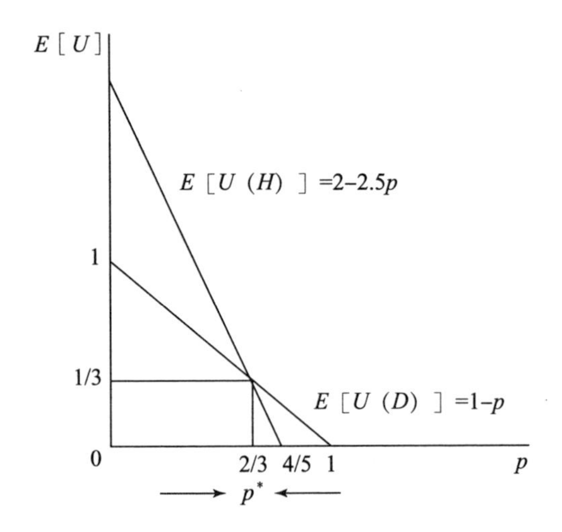

图 5.3　不同策略型个体的期望收益与“鹰”策略型个体所占比例的关系

从图 5.3 可以看出，当“鹰”策略型个体所占比例低于 2/3 时，“鹰”策略型个体获得的适应性则高于“鸽”策略型个体，故“鹰”策略型个体所占比例会上升；反之，当“鹰”策略型个体所占比例高于 2/3 时，“鹰”策略型个体获得的适应性低于“鸽”策略型个体，故“鹰”策略型个体所占比例会下降。由此可见，$p^*=2/3$ 构成了一种稳定状态，即使因微小的干扰而暂时偏离该状态，随后仍然能自动恢复到该状态，这也是演化稳定状态。

事实上，以上演化稳定策略的定义基于对无限种群的竞争分析。伊曼纽尔·邦泽（Immanuel M. Bomze）证明，在成对随机匹配进行博弈情况下，演化稳定策略所对应的演化稳定状态一定是对应的理性参与者之间博弈的完美均衡。[①] 因此，我们可以基于理性参与者的假定来分析博弈是否存在特定的完美均衡，进而判断放弃理性参与者假定之后对应的演化博弈是否存在特定的演化稳定状态。

在表 5.2 所示的博弈中，(B, B) 是唯一的完美均衡，所以，在无限种群的演化博弈中，唯一的演化稳定状态就是整个种群都由具有行为模式“B”的参与者组成，而具有行为模式“A”的参与者最终会被淘汰。

如果由于资源、环境等限制，种群规模是有限的，上述结论还能成立吗？回答是否定的。马丁·诺瓦克（Martin A. Nowak）等人认为，在有限种群中，经典的基于无限种群的演化稳定策略概念需要修正，因为即使一个策略的初始扩散会受到选择作用的抵制，这个策略最后仍有可能受到选择青睐而被固定下来。为此，他们提出了新的演化稳定策略概念（ESS_N）。限定种群大小为 N，考虑两种策略 A 和 B 之间的竞争，策略 B

① 参见 Immanuel M. Bomze, “Non-cooperative, Two-Person Games in Biology: A Classification,” *International Journal of Game Theory*, Vol. 15, No. 1, 1986, pp. 31-57。

成为演化稳定策略 ESS_N 必须同时满足下面两个条件[①]：

（1）选择抵制 A 入侵 B（单个 A 突变在 B 种群中具有更低的适应度）；

（2）选择抵制 A 取代 B。

在表 5.2 所示的博弈中，

以 $N = 3$ 为例，我们可以很直观地看到策略 A 将淘汰策略 B。

若只有 1 人采取 A 策略，则策略 A 能获得的平均收益为

$$E[U(A)] = 28$$

策略 B 能获得的平均收益为

$$E[U(B)] = (30 + 2) \div 2 = 16$$

显然，策略 A 获得的平均收益超过策略 B，在竞争中具有更高的适应度。

若有 2 人采取 A 策略，则策略 A 能获得的平均收益为

$$E[U(A)] = (28 + 1) \div 2 = 14.5$$

策略 B 能获得的平均收益为

$$E[U(B)] = 2$$

策略 A 获得的平均收益依然超过策略 B，在竞争中具有更高的适应度。这样，策略 A 最终将会淘汰策略 B。

这里的分析与理性参与者的零和博弈思维有什么关系呢？

---

① 参见 Martin A. Nowak, et al., "Emergence of Cooperation and Evolutionary Stability in Finite Populations," *Nature*, Vol. 428, No. 6983, 2004, pp. 646-650。

对收益矩阵不取具体的数值，我们来考察一般的对称博弈局势：

表 5.8　一般的对称博弈局势

		乙	
		A	B
甲	A	a，a	b，c
	B	c，b	d，d

依据马丁·诺瓦克等人的分析，在表 5.8 所示的博弈中，策略 B 成为演化稳定策略 ESS_N 必须满足的两个条件可以具体表述为：

（1）选择抵制 A 入侵 B：

$$b(N-1) < c + d(N-2) \tag{5.1}$$

（2）选择抵制 A 取代 B：

$$a(N-2) + b(2N-1) < c(N+1) + d(2N-4) \tag{5.2}$$

式（5.1）和式（5.2）分别可以变形为

$$b - c < (N-2)(d-b) \tag{5.3}$$

$$b - c < \frac{N-2}{N+1}[(d-a) + (d-b)] \tag{5.4}$$

在理性参与者之间的博弈中，如果参与者从零和思维出发追求相对于对手的超额收益（或权力）最大化，那么，只要 $b > c$，策略 A 就是参与者的占优策略。当 b 远大于 c 时，上述两个条件（5.3）和（5.4）就难以成立了，此时策略 B 就不是演化稳

定策略 ESS_N，只有 A 为演化稳定策略 ESS_N。

就表 5.2 所示的博弈而言，代入具体的数值，条件（5.3）和（5.4）转化为

$$28 - 2 < (N - 2)(30 - 28)$$

$$28 - 2 < \frac{N - 2}{N + 1}[(30 - 1) + (30 - 28)]$$

变形后可得，当 $N > 17$ 时策略 B 是演化稳定策略 ESS_N。当 $N \leqslant 17$ 时只有 A 为演化稳定策略 ESS_N。

类似地，可以证明，当 $N < 22$ 时 A 为演化稳定策略 ESS_N。可见，当 $17 < N < 22$ 时，A 和 B 都是演化稳定策略 ESS_N。

由此可见，即使博弈本身为非零和博弈，当某一策略对于持有零和思维的参与者而言是占优策略时，该策略往往恰好对应于有限种群演化博弈中的演化稳定策略。由于权力博弈往往具有有限种群博弈的特征，上述分析在一定程度上表明，在权力博弈中采取零和思维是有道理的。

在博弈中，如果某些参与者具有零和思维，这意味着他们将对手之所得视为自己之所失；在他们的眼中，其与对手之间就不存在共同利益。对于具有零和思维的对手，谈判的空间趋于消失，合作的机会微乎其微。

以第二章中表 2.3 所示的博弈为例，假设参与者乙有零和思维，那么，乙眼中的博弈局势就如表 5.9 所示：

表 5.9 阶段博弈

		乙	
		A	*B*
甲	*A*	6，6-6	2，7-2
	B	7，2-7	0，0-0

对于持有零和思维的乙来说，*B* 是他的严格占优策略，他根本不会选择 *A*。如果甲只是一个自利型的参与者，他预期到对手选择 *B*，甲就会选择 *A*；如果甲也是一个具有零和思维的参与者，那么，在双方眼中的博弈局势就如表 5.10 所示：

表 5.10 阶段博弈

		乙	
		A	*B*
甲	*A*	6-6，6-6	2-7，7-2
	B	7-2，2-7	0-0，0-0

可见，两个具有零和思维的参与者都会选择 *B*。即使这个博弈重复进行，也不会出现合作，因为根本不存在合作共赢的空间。

第三节 集体决策中的路径依赖

在很多环境中，博弈的参与者并非独立的个人，而是一个团体或组织。比如，在国际政治中，博弈的参与者就是一个个国家。对于国家这个概念，可以从疆域、人口、政治制度、经济规模等不同方面来描述，但作为国际政治的参与者，国家又是如何思考问题并做决策的呢？一种简化的处理方式是，将国家视为一个具有自身目标（国家利益）的理性的独立决策主体，比如前文对于美苏冷战的博弈分析以及美国对华胁迫问题的博弈分析。但实际上，国家的决策既可能是由某一位最高领导人做出的，也可能是由一个领导集体做出的，后者就是所谓集体决策。

本节试图通过博弈实验来研究这样一个问题——一群具有共同利益的理性个体是否一定可以做出理性的决策？

我们通过两个具体的博弈实验来观察人们在博弈中的行为选择，进而观察集体选择的结果如何随时间而演化。

我们仅考虑领导层成员完全平等的情况，即不存在地位超越其他人的权威者；同时，为了简化问题的分析，下面的博弈实验排除了参与者在投票前沟通的可能性。

一、博弈实验之一

约翰·范惠克（John B. Van Huyck）等人曾做过这样一个博弈实验：每个参与者各自独立地从 1 到 7 的数字中选择一个数，每个人的收益取决于全部参与者所选数字的最小值和自己所选择的数字，如表 5.11 所示[①]。

---

① 参见 John B. Van Huyck, et al.,"Tacit Coordination Games, Strategic Uncertainty, and Coordination Failure," *The American Economic Review*, Vol. 80, No. 1, 1990, pp. 234-248。

表 5.11　多人博弈的收益表

		最小数字						
		7	6	5	4	3	2	1
自己的选择	7	1.3	1.1	0.9	0.7	0.5	0.3	0.1
	6		1.2	1.0	0.8	0.6	0.4	0.2
	5			1.1	0.9	0.7	0.5	0.3
	4				1.0	0.8	0.6	0.4
	3					0.9	0.7	0.5
	2						0.8	0.6
	1							0.7

从表 5.11 可以看出，每个参与者选择的数字相同就能构成纳什均衡，这个博弈共有 7 个纯策略纳什均衡，更大的数字构成的纳什均衡更好，所有人都选择数字 7 构成了一个帕累托最优的纳什均衡。

共有 107 个大学生参与他们的博弈实验，这些学生被分成 7 组，14—16 人构成一组，每组进行 10 轮重复实验。根据他们的实验结果，在第一轮实验中，选择了数字 7 的参与者有 33 人，所占比例大约为 31%；选择数字 1 的参与者仅有 2 人，所占比例大约为 2%。经过一次次的摸索，参与者逐渐发现选择较大的数字并不能带来好结果，以至于在最后一轮实验中，选择数字 7 的参与者仅有 8 人，所占比例大约为 7%；而选择数字 1 的参与者高达 77 人，所占比例大约为 72%。

为什么这个博弈会向更糟糕的纳什均衡状态演化呢？一个

可能的解释是，这个博弈实验中的参与者也不满足“理性共识”的要求。设想一下，如果某个参与者具有零和思维，这种人追求相对收益最大化，即自己的收益超过对手的收益越多越好，那么选择数字 1 就是最优的。即使所有参与者实际上都追求自身利益最大化，如果有些参与者认为存在上述那种具有零和思维的人，那么这些参与者从自己的利益出发也会选择数字 1。

我们不妨设想数字 1 代表政治倾向激进的方案，数字 7 代表政治倾向保守的方案，每个参与者同时做出选择。[①] 根据表 5.11 的收益值，我们可以看出整个政治环境是偏向激进的，这体现在，随着最小数字的降低，每个参与者的收益都降低，但选择了最小数字的那个参与者获得的收益高于选择其他数字的参与者获得的收益。

这个博弈实验还可以给我们带来两点启示：其一，博弈的参与者越多，协调行动就越困难，集体决策的效率就越低；其二，政治环境会影响参与者的策略选择，并影响博弈的演化过程和方向。

二、博弈实验之二

约翰·范惠克等人还进一步通过实验研究了这样一种博弈：7 人构成一组，每人从 1 到 14 这些整数中选择一个数字。[②]

---

① 或者表示对外政策的强硬与软弱，等等。

② 可以把这些数字设想为政治观点，1 为极左，14 为极右，等等。

给定各人的选择之后，每个人的收益取决于组内所有人所选数字的中位数以及自己选择的数字，各种情况下的收益如表 5.12 所示。每组分别进行 15 轮博弈。在每轮博弈结束时，每个人都知道中位数是多少，然后根据表 5.12 计算自己在该轮获得的收益，之后进行下一轮博弈。[①]

表 5.12　博弈实验中各种情况下的收益

		左翼						行动选择							右翼
		1	2	3	4	5	6	7	8	9	10	11	12	13	14
左翼	1	45	48	48	43	35	23	7	-13	-37	-65	-97	-133	-173	-217
	2	49	53	54	51	44	33	18	-1	-24	-51	-82	-117	-156	-198
	3	52	58	60	58	52	42	28	11	-11	-37	-66	-100	-137	-179
	4	55	62	66	65	60	52	40	23	3	-21	-49	-82	-118	-158
	5	56	65	70	71	69	62	51	37	18	-4	-31	-61	-96	-134
	6	55	66	74	77	77	72	64	51	35	15	-9	-37	-69	-105
中位数	7	46	61	72	80	83	82	78	69	57	40	20	-5	-33	-65
	8	-59	-27	1	26	46	62	75	83	88	89	85	78	67	52
	9	-88	-52	-20	8	32	53	69	81	89	94	94	91	83	72
	10	-105	-67	-32	-2	25	47	66	80	91	98	100	99	94	85
	11	-117	-77	-41	-9	19	43	64	80	92	101	105	106	103	95
	12	-127	-86	-48	-14	15	41	63	80	94	104	110	112	110	104
	13	-135	-92	-53	-19	12	39	62	81	96	107	114	118	117	112
右翼	14	-142	-98	-58	-22	10	38	62	82	98	110	119	123	123	120

① 参见 John B. Van Huyck, et al., “Adaptive Behavior and Coordination Failure,” *Journal of Economic Behavior and Organization*, Vol. 32, No. 4, 1997, pp. 483-503。原文中的表格为表 5.12 的转置形式(即行、列互换)。

仔细分析博弈局势可以发现，这也是一个协调博弈，它存在两个对称的纯策略纳什均衡——所有参与者都选择数字 3 构成一个纳什均衡，所有参与者都选择数字 12 也能构成一个纳什均衡，并且后一个均衡帕累托优于前一个均衡。尽管大多数参与者都可以发现这两个纳什均衡，但作为个体，在不知道其他大多数参与者选择什么的情况下，也无法确定自己的最优选择；换言之，自己的最优选择取决于对大多数人会选择什么的预期。

在初始阶段，选择 6—9 之间的数字似乎是比较稳妥的做法。假设在第一轮博弈中，所有参与者所选数字的中位数是 8，此时，如果参与者预期下一轮的中位数保持不变，那么自己在第二轮的最优选择就是数字 10。如果多数参与者都遵循此思维方式来行动，博弈就会逐步演化到所有人都选择 12 的均衡状态，在此状态下，每人可获得 112 的收益。假设在第一轮博弈中，所有参与者所选数字的中位数是 7，此时，如果参与者预期下一轮的中位数保持不变，那么自己在第二轮的最优选择就会是数字 5。如果多数参与者都遵循此思维方式来行动，博弈就会逐步演化到所有人都选择 3 的均衡状态，在此状态下，每人只能获得 60 的收益，此时即使所有参与者都想摆脱这一局面也无能为力。

约翰·范惠克等人的实验结果表明，有些组最终演化到了更好的纳什均衡（参与者都选择 12），有些组最终演化到了更差的纳什均衡（参与者都选择 3），这两种不同的演化结果高度依赖于初始局势，即参与者们在第一轮博弈中的行动选择。如果所有参与者第一轮选择结果的中位数不超过 7，那么博弈最终很可能演化到更差的均衡；如果所有参与者第一轮选择结果的中位数超过 7，那么博弈最终很可能演化到更好的均衡。第一轮选择结果的中位数是否会超过 7，受到很多偶然因素的影响。由此可见，偶然因素会影响参与者的初始行动，从而影响初始状态；一旦初始状态形成，就很容易形成路径依赖，产生强大的历史趋势，最终演化到不同的均衡状态。

我们在公共管理硕士（MPA）研究生的“博弈论与公共政策”课堂上也做了以上博弈实验。为了结合集体决策问题来讨论并使参与者有具体而明确的情景感知，我们以不同的数字代表不同的路线方针——数字 1 代表彻底的计划经济，数字 14 代表完全的自由市场经济，这个博弈相当于每个参与者同时提出自己设想的路线方针。每个学生设想自己是一国领导层的成员，要为整个国家选择经济体制，国家的经济体制由所有参与者提出的路线方针的中位数代表。与约翰·范惠克等人的做法略有不同的是，为了更贴近现实，我们预先告知所有参与者，在每一轮博弈结束时，博弈以 10%的概率中止，如果一直未中止，博弈在第十轮结束。[①] 每组有 7 位学生参与实验，另有 1 位

---

① 每轮博弈结束时，利用计算机生成均匀分布的随机数，若小于 0.1，则博弈中止。在现实中，领导集体的成员都有可能由于一些偶然原因（比如健康问题或其他突发事件）随时退出领导层，尽管概率很小。考虑到这种可能性之后，参与者就需要适当权衡眼前利益和长远利益。

学生充当实验员，负责在每轮实验结束时记录实验结果，并向小组成员报告该轮结果的中位数。全部学生一共划分为10组。每个学生在实验中获得的总收益将按比例折算为分数计入期末综合成绩，这样使得参与实验的学生具有努力获取更高收益的内在动机。

各组学生在每轮博弈中所选择数字的中位数统计结果如表5.13所示。

表5.13　各组的中位数统计

时期	组别									
	A	B	C	D	E	F	G	H	I	J
1	6	6	6	7	7	7	8	8	9	11
2	7	6	7	5	6	7	10	10	10	11
3	6	6	9	5	6	8	12	11	10	11
4	6	7	9	4	6	9	13	12	11	12
5	5	8	10	4	5	11	12	12	11	12
6	6	10	11	4	5	12	12	12	11	12
7	5	12	12	4	4	13	12	12	11	12
8	5	13	13	3	4	13	12	12	11	12
9	5	13	14	3	4	12	12	12	11	12
10	4	13	14	3	4	13	12	12	11	12

表5.13的结果显示，有4组在第1轮实验中的中位数超过7，其中3组在最后一轮演化到中位数为12的状态，其中1组演化到中位数为11的状态。有6组在第1轮实验中的中位数没有超过7，其中有1组在最后一轮演化到了中位数为3的状态，

有2组演化到中位数为4的状态，另有2组演化到了中位数为13的状态，有1组演化到中位数为14的状态。有趣的是编号为D的这一组，当实验进行到第3轮之后，该组就有同学多次向教师提出请求，希望能终止博弈，这说明该同学已经发现自己开始身不由己地一步步滑向那个低收益的均衡，但集体形成的趋势很强大，个人无力抗拒。我们坚持按博弈规则继续进行，除非计算机生成了小概率的随机数才能中止博弈，最终D组演化到了中位数为3的均衡状态，而且每个成员在第10轮的选择都是3。

将表5.13的实验结果与约翰·范惠克等人的结果对比，我们看到两者既有共同之处也有差异之处。共同之处在于都体现了路径依赖；差异之处在于，他们的实验体现了强烈的路径依赖，而我们的实验只体现了一定程度的路径依赖。在我们的实验中，就第1轮实验的中位数小于8的那些组而言，有半数最后演化到了帕累托最优的那个均衡状态附近。在实验结束后，我们结合实验数据询问了部分参与实验的学生，结果发现，有些学生为了达到更好的均衡状态，愿意在下一轮选择看起来非最优的反应，即选择稍大一些的数字，并希望其他人也能有类似想法。当某一组中出现几个人同时有这种想法并采取相似行动时，博弈就开始向更好的均衡状态演化了，这就是在我们的实验中观察到的路径依赖不那么强烈的主要原因。这种现象表明，博弈中部分参与者出现了自发合作的行为，进而将博弈推动到向更好的均衡演化的轨道上，最后也确实达到了更好的状态。由此可见，博弈中确实有可能出现参与者自发合作的现象。

不过，部分参与者的自发合作行为并不一定能推动博弈演化到更好的均衡状态。能否演化到更好的均衡状态不仅取决于尝试合作的人数，也取决于参与者对于“理性共识”的认知以及初始状态距离演化分岔点的远近，还取决于博弈本身的结构，比如不同选择具有的风险收益特征。

我们在博弈实验中观察到明显的路径依赖现象。具体说来，很多偶然因素会影响参与者的初始行动，从而影响初始状态；一旦初始状态形成，往往出现或弱或强的路径依赖，进而形成历史趋势，导致最终演化到不同的均衡状态。

由此可见，即使个体都是理性的，即使他们拥有共同的利益，由一群理性个体所做出的决策也未必是理性的，很可能出现路径依赖现象。

在现实世界中，团体思维本身还存在一些固有的特点，这使得集体决策更有可能偏离理性。欧文·贾尼斯（Irving L. Janis）精辟地总结了团体思维的若干特点：

(1) 存在于团体内大多数甚至所有成员中的安全幻觉，使得团体过于乐观，偏向采取极端冒险的行动。

(2) 一旦出现违背团体最初认知的警告性信息，团体会努力将最初的认知“合理化”，以避免团体成员改变主意。

(3) 对团体的道德品质持有无可置疑的信念。

(4) 对于敌方领导人持有刻板印象，要么认为对手太邪恶以至于无法与之进行坦诚的谈判，要么认为对手太愚蠢懦弱以至于无力应付风险性挑衅。

(5) 直接压制团体内那些敢于表达不同意见的成员。

(6) 团体内成员会自我审查对团体共识的偏离，自觉降低置疑或反对意见的重要性。

(7) 遵循多数人的看法，产生“全体一致”的错觉。

(8) 产生一种自发的防范心理，防止团体受到不利信息的干扰，因为这些信息可能会摧毁团体成员对于集体决策的有效性和道德性之自鸣得意。①

考虑到团体思维的上述特征，现实中的集体决策就有可能出现更严重的路径依赖现象。

第四节　理性与非理性的复杂性

列夫·托尔斯泰有句名言：“幸福的家庭家家相似，不幸的

① Irving L. Janis, *Victims of Groupthink*, Boston: Houghton Mifflin, 1972, pp. 197-198.

家庭个个不同。”[①] 非常类似，理性的人个个相似，不理性的人则千差万别。

一、理性的复杂性

在博弈论中，理性的人应兼具认知理性和工具理性。不仅如此，博弈论还隐含这样的假定，即参与者是“智能的”（intelligent）。罗杰·迈尔森指出：

> 当我们像博弈论专家或社会科学家那样分析一个博弈时，如果局中人知道我们对此博弈所知道的一切，并能做出我们对此情形所能做出的一切推断，我们就说此博弈的局中人是智能的。博弈论一般都假设局中人在上述意义上是智能的。因此，如果研究出一个能描述某个博弈中智能局中人行为的理论，并且相信这一理论是正确的，那么，我们也必须假定该博弈的每个局中人都了解这一理论及其预测。[②]

博弈论中的工具理性通常是指序贯理性[③]。

不过，罗杰·麦凯恩认为，可以从不同的角度定义理性，

---

① 〔俄〕列夫·托尔斯泰：《安娜·卡列尼娜》，草婴译，上海文艺出版社 2019 年版，第 5 页。

② 〔美〕罗杰·迈尔森：《博弈论：矛盾冲突分析》，于寅等译，中国人民大学出版社 2015 年版，第 4 页。

③ 序贯理性的含义参见第 69 页注释②。

其含义会有差异。[1] 我们用一个例子来介绍他的观点，参见图 5.4。在图中博弈树的每个终节点处，第一个数值表示参与者 1 的收益，第二个数值表示参与者 2 的收益。

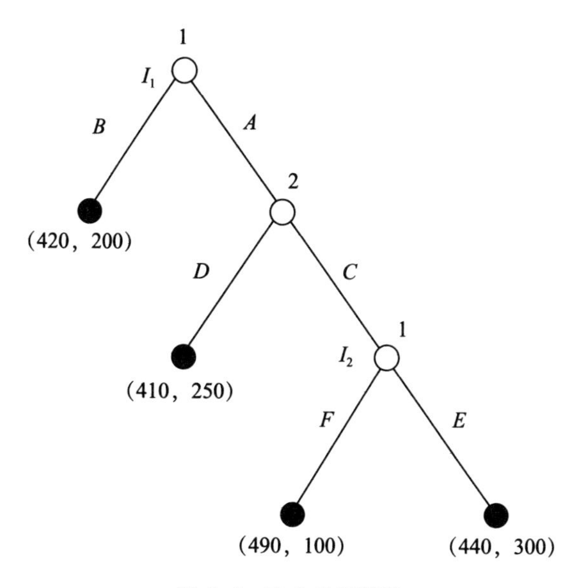

图 5.4　完全信息博弈

这是一个三阶段完美信息博弈，我们采用逆向归纳法来分析。在节点 I_2，参与者 1 会选择 F，双方的收益组合是（490，100）。在第二阶段，轮到参与者 2 选择时，他能预见——若自己选择 C，参与者 1 随后会选择 F，届时自己只能获得 100 的收益；他若选择 D，他就能获得 250 的收益。所以，参与者 2 会选择 D。现在考虑博弈刚开始的第一阶段（节点 I_1），若参与者

① 参见 Roger A. McCain, *Game Theory and Public Policy*, Northampton：Edward Elgar Publishing Limited, 2015, pp. 156-160。

1 选择 A，他预见参与者 2 随后将选择 D，届时自己只能获得 410 的收益；而他若选择 B，就能获得 420 的收益。所以，参与者 1 在第一阶段就会选择 B，博弈结束。

由此可见，这个博弈的子博弈完美纳什均衡是策略组合 (BF, D)，参与者 1 在博弈第一阶段就选择 B 结束博弈，双方获得的收益分别是 420 和 200。

我们再来考虑另一种情况。如果参与者 1 拥有坚定的意志：为了自己的长远利益考虑，在博弈开始时，向参与者 2 许诺——自己在第一阶段选择 A，只要参与者 2 随后选择 C，自己在第三阶段一定选择 E，届时决不因短期的诱惑而食言。参与者 2 若信任参与者 1，他在第二阶段就会选择 C。届时，参与者 1 抵制选择 F 的诱惑，兑现诺言选择 E，这样，参与者 1 就能获得 440 的收益，高于在前面那个子博弈完美纳什均衡状态下获得的收益 420。此时，参与者 2 获得的收益为 300，也高于在前面那个子博弈完美纳什均衡状态下获得的收益 200。

由此可见，若参与者 1 具有坚强的意志，那么他在第一阶段有理由选择 A，而在第三阶段则抵制诱惑而选择 E。

基于以上分析，罗杰·麦凯恩认为，上述两种情景对应于两种不同的理性概念。在后一种情景中，参与者 1 拥有坚强的意志，他的选择是理性的；基于坚强意志的理性被称为“理想理性”(Ideal Rationality)。在前一种情景中，参与者 1 的意志软弱，不能克制短期诱惑，他的选择也是理性的；基于软弱意志的理性被称为“完美理性”(Perfect Rationality)，这实质上就是通常所说的序贯理性。[①] 值得指出的是，在经典的非合作博弈论中，我们谈到理性时一般是指序贯理性或完美理性；在经典的合作博弈论中，我们谈到理性时实质上是指理想理性，尽管没有采用这个术语。

在现实世界里，有些人拥有坚强的意志，有些人则意志软弱；有些人诚实，有些人不诚实。可是人的这些类型无法观测。在上面这个博弈中，参与者 2 并不知道参与者 1 的意志是否坚强，也不知道参与者 1 是否诚实；可是，即使参与者 1 是一个意志软弱的人，他也有动机假冒意志坚强的人，并声称自己在第三阶段一定选择 E，以此诱骗参与者 2 选择 C。参与者 2 当然不能轻信参与者 1 的话，但也不能排除参与者 1 确实意志坚强且诚实可信这种可能性。因此，深思熟虑之后，参与者 2 应当根据自己掌握的信息对参与者 1 的类型做出一个概率判断(即生成信念)，进而从期望收益最大化出发来决定自己到底应当选择 C 还是选择 D。如果参与者 2 能够这样深思熟虑，我们就说他具有“复杂理性”(Sophisticated Rationality)。

因此，按照罗杰·麦凯恩的看法，存在三种理性——完美理性、理想理性和复杂理性。

---

① 参见 Roger A. McCain, *Game Theory and Public Policy*, Northampton: Edward Elgar Publishing Limited, 2015, pp. 156-160。这里所谓的“完美”不是指完美无缺，而是指它对应于子博弈完美纳什均衡(Subgame Perfect Equilibrium)，也译为子博弈精炼纳什均衡。

二、策略思维阶次与“虚幻合作解”的影响

在行为博弈论中，学者们总结了一种颇具代表性的个体思维模式——“k阶模型”（the Level-k Model）。如果一个参与者不具备策略思维能力，只是随机地（比如以均等概率）从他的行动集之中选择行动，我们就称他只具有0阶策略思维。如果一个参与者认为其对手遵循0阶策略思维而行动，他就可以采取相应的最优反应（即最优行动），我们称这样的参与者具有1阶策略思维。进一步，如果一个参与者认为其对手遵循1阶策略思维而行动，他也可以采取相应的最优反应（即最优行动），我们就称该参与者具有2阶策略思维。更高阶的策略思维依此类推。

这种k阶策略思维模型明显不同于经典博弈论中的纳什均衡概念，后者要求参与者的策略互为最优反应。

我们现在结合一个“选美竞赛”博弈实验来分析。罗斯玛丽·内格尔（Rosemarie Nagel）首次组织并分析了选美博弈实验，她基于固定奖金设置来研究实验参与者的策略思维阶次。[①]与罗斯玛丽·内格尔的实验有所不同，我们关注的焦点不在于参与者的策略思维阶次，而在于非合作博弈中参与者行为如何受到“虚幻的合作解”的影响。我们将从博弈实验看到，即使

① 参见Rosemarie Nagel, “Unravelling in Guessing Games: An Experimental Study,” *American Economic Review*, Vol. 85, No. 5, 1995, pp. 1313-1326。

博弈规则简单易懂，即使大多数个体都近乎符合理性的要求，个体的行为也会在一定程度上偏离基于“理性共识”假定所预期的结果。

1. 博弈实验设计

本次实验安排在2020年6月5日的北京大学“博弈论与公共政策”的网络课堂上进行，共有25名MPA学生上课。我们事先将这些学生分为5组，每组5人。为了避免其他因素的潜在干扰，具体分组名单只有实验组织者（教师）掌握，每个学生在组中面临的竞争对手是匿名的。在实验结束之后，分组名单才与实验结果一起公布。

一般而言，在博弈实验中，不高的奖金也许难以充分激励实验参与者积极思考。不过，高额的奖金也有问题：一方面，实验组织者难以承担；另一方面，当在课堂上进行高奖金的博弈实验时，学生的决策可能又会受到其他顾虑的影响，比如不想在同学面前表现出过分逐利的形象。考虑到参与实验的学生正在学习博弈论课程，已能够很好地理解博弈并已具有一定程度的策略思维能力，我们在实验中所设的奖金是虚拟的，只是让每个学生想象这些奖金当真存在。

为了通过不同情景的比较得到有说服力的结论，我们设计四种略有不同的博弈实验。实验设计1和实验设计2是传统的固定奖金的选美竞赛博弈，而实验设计3和实验设计4则是浮动奖金的选美竞赛博弈。在每种实验设计中，每个学生都知道自己在组内面临着四个匿名的竞争对手，他（她）需要就每一种具体的实验设计提出自己的参赛策略（即选择某个数）。

实验设计 1：

每个参与者同时独立地在［0，100］内选择一个数（可以是该区间内的任何实数）。选数结束后，计算所有人所选数的平均值，不妨记为 M_1。获奖者为其所选择数最接近 $0.7M_1$ 的参与者（若出现多人并列，则由他们均分奖金）。

固定奖金设置：50。

实验设计 2：

每个参与者同时独立地在区间［0，100］内选择一个数（可以是该区间内的任何实数）。选数结束后，计算所有人所选择数的中位数，不妨记为 M_2。获奖者为其所选择数最接近 $0.7M_2$ 的参与者（若出现多人并列，则由他们均分奖金）。

固定奖金设置：50。

实验设计 3：

每个参与者同时独立地在［0，100］内选择一个数（可以是该区间内的任何实数）。选数结束后，计算所有人所选择数的平均值，不妨记为 M_3。获奖者为其所选择数最接近 $0.7M_3$ 的参与者（若出现多人并列，则由他们均分奖金）。

可变奖金设置：M_3。

实验设计 4：

每个参与者同时、独立地在区间［0，100］内选择一个数

（可以是该区间内的任何实数）。选数结束后，计算所有人所选择数的中位数，不妨记为 M_4。获奖者为其所选择数最接近 $0.7M_4$ 的参与者（若出现多人并列，则由他们均分奖金）。

可变奖金设置：M_4。

2. 博弈的理论分析

在实验设计 1 中，奖金是固定的，这是一个常和博弈，等价于零和博弈。这个博弈存在唯一的纳什均衡，即每个参与者都选择数值 0，而且这个纳什均衡是严格纳什均衡，即任何参与者的单方面偏离都会损害自己的利益。这个纳什均衡的出现要么依赖于参与者的一致预期，要么依赖于反复（无穷次）剔除劣策略的过程。

与实验设计 1 相比，实验设计 3 的唯一不同之处在于奖金是可变的，奖金等于组内所有人所选数值的平均值，所以这个博弈不是常和博弈。但这个博弈仍然存在唯一的纳什均衡，即每个参与者都选择数值 0。值得注意的是，在这个唯一的纳什均衡状态下，所有人的收益都是 0；而且这是一个弱纳什均衡，任何参与者的单方面偏离不影响其利益。不过，在实验设计 3 中，参与者之间存在某种程度的共同利益，比如，所有人都选择数值 100 是这个博弈唯一符合集体理性的结果，即为合作解。不过，所有人都选择数值 100 不符合个体理性，不能构成纳什均衡。

在实验设计 1 和实验设计 3 中，所选择数值最接近 0.7 倍均值的参与者中奖。我们仅仅将获奖规则更改为“所选择数值最接近0.7倍中位数”，就得到了实验设计2和实验设计4。中位数的特点是不易受极端值的影响。换言之，当某个参与者单方面选择更小的数值或更大的数值时，奖金总额很可能不受影响，这与基于均值确定奖金数额的实验设计1和实验设计3形成对照。

3. 博弈实验结果

我们得到的各种实验结果如表5.14所示：

表5.14 选美竞赛博弈的各种实验结果

组别	个体	实验设计1		实验设计2		实验设计3		实验设计4	
		选数	均值	选数	中位数	选数	均值	选数	中位数
1	1	5.5	13.5	4.2	11.11	10	23.6	6	35
	2	20		14		18		35	
	3	7		11.11		25		21	
	4	0.0014		0		14		49	
	5	35		35		51		51	
2	6	28	26.1	58	31	38	32.7	48	31
	7	35		17		35		17	
	8	31		31		31		31	
	9	35		50		42		35	
	10	1.41		0.88		17.7		12.3	
3	11	0	13.2	1	11.765	2	53.6	2	50
	12	20		20		100		100	
	13	7.3		3.7		99.3		99.7	
	14	33		49		50		50	
	15	5.733		11.765		16.807		34.3	

（续表）

组别	个体	实验设计 1		实验设计 2		实验设计 3		实验设计 4	
		选数	均值	选数	中位数	选数	均值	选数	中位数
4	16	1	10.2	1	14	1	23.8	1	30
	17	25		30		35		30	
	18	15		7		20		40	
	19	3.1		14		56		42	
	20	7		14		7		14	
5	21	33	30.6	45	35	33	66.2	45	70
	22	0		0		100		100	
	23	35		35		70		70	
	24	35		32		49		42	
	25	50		67		79		70	

我们首先比较实验设计 1 和实验设计 3 的实验结果。在实验设计 3 中，每个实验小组的均值都高于实验设计 1 中的均值。在实验设计 3 中，有 19 个学生所选数值超过其在实验设计 1 中所选数值，这些学生人数所占比例为 76%。

我们可以利用二项分布的正态近似进行假设检验：

$$H_0:\ p \leqslant 0.5$$

$$Z = \frac{\bar{p} - p_0}{\sqrt{\frac{p_0(1 - p_0)}{n}}} = \frac{0.76 - 0.5}{\sqrt{\frac{0.5 \times 0.5}{25}}} = 2.6$$

相应的 p 值为 0.0047，这表明在 0.01 的显著性水平下可以拒绝 H_0，从而可以断定超过半数的个体在实验设计 3 中选择的数值高于其在实验设计 1 中选择的数值。

在实验设计 1 中，有 4 位学生所选数值为 0 或接近 0（不超过 1），这表明他们采取了纳什均衡中的策略或接近于均衡策略的策略；有 5 位学生选择了数值 35，还有 2 位学生选择了数值 33，这 7 位学生的选择明显是基于 1 阶策略思维。有 1 位学生选择的数值最高（50），他（她）的选择显然缺乏策略性思考。值得注意的是，在所有学生中，没有任何人选择数值 100。

在实验设计 3 中，只有 1 位学生所选数值不超过 1；有 13 位学生选择的数值不小于 35，其中有 8 人所选数值不小于 50，甚至有 3 人所选数值达到或接近 100。

实验设计 4 与实验设计 2 的对照也可以发现类似的现象。

4. 解释与结论

结合不同实验设计的特点以及实验结束后部分学生对于自己所做选择的解释，我们可以总结出以下几点：

(1) 在非合作博弈中，违背个体理性但符合集体理性的合作解的存在能够吸引一部分参与者的注意，诱导他们采取合作行为。

(2) 当这种“虚幻的合作解”[1] 违背个体理性时，一部分参与者自身不会被它吸引，但他们会预期到上述第 (1) 点，这会提高他们对于集体选择的平均值或中位数的预期。相应地，他们从自身利益出发会调整自己的行为，在选美竞赛博弈中体

① 本书将非合作博弈所对应的合作博弈中的合作解称为该非合作博弈的“虚幻的合作解”。

现为提高自己所选数值。这样一来，就能出现一定程度的合作现象。

（3）在现实中，不同个体在策略思维阶次上通常存在差异。

（4）在博弈中，如果一个纳什均衡需要历经多轮（甚至无穷轮次）重复剔除劣策略才能实现，这样的纳什均衡难以在现实中出现，尤其是当这样的纳什均衡结果违背所有参与者的共同利益之时。

这个博弈实验表明，非理性未必不利于合作。这一点与第四章中关于不完全信息下的轮流出价谈判模型的结论是一致的。

三、非理性的复杂性

关于理性和智能的假设对参与者提出了极高的要求，现实中的绝大多数个体几乎不可能满足这样的要求。现实中的人是复杂的，情绪、认知偏差、思维缺陷、习惯等各种因素都会给理性造成障碍。

关于个体在决策过程中的认知问题，罗伯特·杰维斯总结了一些典型的错误认知形式：

> （1）决策者倾向于让新的信息与自己的理论和想象相匹配。
>
> （2）决策者往往固执己见，抵触新信息。
>
> （3）当新信息与决策者原来的想法矛盾时，如果

这些信息逐渐呈现，决策者更容易接受；反之，如果大量新信息一次性涌现，决策者就难以接受。

(4) 如果新信息不是来自决策者掌握的信息源，决策者很可能误解信息。

(5) 如果在制订计划或做决策上花了大量时间，决策者就会认为这个计划或决策所传递的信息对于受众来说肯定是清晰的。

(6) 当决策者不想隐瞒意图时，他总是以为对方应当能够准确了解自己的意图。①

显而易见，既然存在如此之多的认知偏差，决策者离理性的要求相去甚远。当我们考察国家之间的博弈问题时，清晰准确的信息传递和沟通就已存在障碍，决策者还往往倾向于高估对手的敌意；在本来就存在利益冲突的情况下，双方要达成互利共赢的合作并形成具体的利益分配方案自然就愈益困难了。当然，这只是一般而论，具体问题仍需要具体分析。

① 参见 Robert Jervis, "Hypotheses on Misperception," *World Politics*, Vol. 20, No. 3, 1968, pp. 454-479。

结　语

社会是由相互联系的个体组成的，矛盾与冲突是普遍存在的社会现象。在个体之间的竞争中，为了维护或增进自身利益，个体会采取各种战略。威慑与胁迫是常见的战略。

在人类历史上，威慑与胁迫源远流长；第二次世界大战结束之后，国际关系研究领域关于威慑与胁迫的研究形成一波又一波浪潮，并由此诞生了传统威慑理论。不过，一方面，传统威慑理论长期局限于国际关系研究领域，而且没有将威慑与胁迫问题分开研究；另一方面，传统威慑理论存在内在的逻辑矛盾。传统威慑理论也缺乏对妥协的关注，而很多冲突都以妥协告终。各方如何妥协？这必然涉及谈判。谈判在本质上是一种基于威胁的相互胁迫。由于谈判主体往往可以选择各自的威胁手段，这些威胁手段一起决定了谈判破裂点，进而决定了利益分配协议，谈判问题因而更加复杂。

我们主要以经典博弈论为工具，系统地研究了威慑、胁迫和谈判问题。首先，介绍了威慑的原理、有效威慑的条件、不完全信息下的威慑、声誉与威慑、相互威慑；其次，阐述了胁迫的原理、有效胁迫的条件、不完全信息下的胁迫以及不确定情形下的胁迫。我们的研究发现，托马斯·谢林提出的“边缘政策”违背理性共识，存在逻辑矛盾。面对理性的对手，边缘政策是胁迫主体的劣策略，无效而危险。我们还构造了博弈模型用来分析美国对华胁迫问题，发现不完全信息会增加战争风险。同时，对于谈判问题做了系统的梳理而深入的研究，涵盖一系列谈判博弈模型，从纳什谈判到轮流出价的谈判，从具有外生威胁的谈判到具有可变威胁的谈判，从具有可承诺威胁的谈判到具有不可承诺威胁的谈判等。我们通过引入马尔科夫过程，将关于流量利益分配的标准轮流出价谈判模型推广到无固定顺序出价的一般模型，并求出了相应的均衡解。

此外，我们还通过博弈实验研究了个体动机中有关利益和权力的考量，证实权力的内在价值存在于个体动机之中。进一步的博弈实验发现权力与零和思维密切相关，而零和思维会破坏独立个体之间的合作。我们还从有限种群演化博弈的角度对权力与零和思维之间的关系提出了尝试性的解释。

在很多场合，决策者并非独立的个体，而是一个集体，比如组织或国家的决策问题。即使组织内的个体都是理性的，博弈实验发现，集体决策也往往存在路径依赖。参与者的相互依赖关系是复杂的，策略思维也是复杂的。鉴于现实世界中非理性的普遍性与多样性，现实的博弈问题就更加复杂。

关于威慑、胁迫及谈判，无论是在理论上还是在实证上，都有很多问题值得进行更深入的研究。本书的有些内容也存在进一步深入研究的空间。比如，在关于策略思维复杂性的例子中，我们的分析融合了动态非合作博弈与纳什谈判理论。作为垄断左脚鞋的个体 A，在与对手 B_i 的谈判中，A 是以与下一个对手 B_{i+1} 谈判所能达成的协议作为其谈判破裂点的，这相当于 A 对 B_i 发出的威胁。这个威胁非常关键，它决定了 A 与 B_i 之间能够达成的具体利益分配协议。但这个威胁到底是不是一个充分可信的威胁呢？这有必要做进一步的研究。

尽管现实中的人并不符合博弈论关于理性和智能的要求，博弈论仍然是我们分析现实问题的有力工具。正如 2007 年诺贝尔经济学奖获得者罗杰·迈尔森所指出的：

> 当然，关于所有个体都是完全理性的和智能的假设，在现实生活中是不存在的。但另一方面，我们也要对与这个假设不相一致的理论和预测表示怀疑。如果一个理论预测，某些人将经常地被愚弄或做出代价极高的错误行为，那么在这些人对此情形有更好的理解（从个人经验或这个理论本身的印刷文本中学会）之后，这个理论将逐渐失去其有效性。博弈论在社会科学中的重要性在很大程度上来源于这一事实。[①]

采用博弈论方法，对威慑、胁迫及谈判问题分别进行严谨且一般化的理论分析具有重要的意义。

---

① 〔美〕罗杰·迈尔森：《博弈论：矛盾冲突分析》，于寅等译，中国人民大学出版社 2015 年版，第 4 页。

参考文献

〔英〕阿伯西内・穆素:《讨价还价理论及其应用》,管毅平等译,上海财经大学出版社2005年版。

〔美〕汉斯・摩根索:《国家间政治:权力斗争与和平(简明版)》,徐昕等译,北京大学出版社2012年版。

〔英〕肯・宾默尔:《博弈论与社会契约(第1卷)・公平博弈》,王小卫等译,上海财经大学出版社2003年版。

〔美〕罗杰・迈尔森:《博弈论:矛盾冲突分析》,于寅等译,中国人民大学出版社2015年版。

〔美〕罗杰・麦凯恩:《博弈论:战略分析入门》,原毅军等译,机械工业出版社2006年版。

〔英〕约翰・梅纳德・史密斯:《演化与博弈论》,潘春阳译,复旦大学出版社2008年版。

〔美〕兹比格纽・布热津斯基:《大棋局:美国的首要地位及其地缘战略》,中国国际问题研究所译,上海人民出版社2007年版。

Bartling, Bjorn, et al., "The Intrinsic Value of Decision Rights," *Econometrica*, Vol. 82, No. 6, 2014, pp. 2005-2039.

Bomze, Immanuel M., "Non-cooperative, Two-Person Games in Biology: A Classification," *International Journal of Game Theory*, Vol. 15, No. 1,

1986, pp. 31-57.

Brodie, Bernard, ed., *The Absolute Weapon: Atomic Power and World Order*, New York: Harcourt Brace, 1946.

Busch, Lutz-Alexander and Quan Wen, "Perfect Equilibria in a Negotiation Model," *Econometrica*, Vol. 63, No. 3, 1995, pp. 545-565.

Dixit, Avinash K., et al., *Games of Strategy* (Fourth edition), New York: W. W. Norton & Company, Inc., 2015.

Elster, Jon, "Social Norms and Economic Theory," *Journal of Economic Perspectives*, Vol. 3, No. 4, 1989, pp. 99-117.

Fatas, Enrique and Antonio J. Morales, "The Joy of Ruling: An Experimental Investigation on Collective Giving," *Theory and Decision*, Vol. 85, No. 2, 2018, pp. 179-200.

Fehr, Ernst, et al., "The Lure of Authority: Motivation and Incentive Effects of Power," *American Economic Review*, Vol. 103, No. 4, 2013, pp. 1325-1359.

Ferreira, Joao V., et al., "On the Roots of the Intrinsic Value of Decision Rights: Experimental Evidence," *Games and Economic Behavior*, Vol. 119, No. 1, 2020, pp. 110-122.

Guth, Werner, et al., "An experimental Analysis of Ultimatum Bargaining," *Journal of Economic Behavior and Organization*, Vol. 3, No. 4, 1982, pp. 367-388.

Houba, Harold and Wilko Bolt, *Credible Threats in Negotiations: A Game-theoretic Approach*, Boston: Kluwer Academic Publishers, 2002.

Janis, Irving L., *Victims of Groupthink*, Boston: Houghton Mifflin, 1972.

Jervis, Robert, "Deterrence Theory Revisited," *World Politics*, Vol. 31, No. 2, 1979, pp. 289-324.

Jervis, Robert, "Hypotheses on Misperception," *World Politics*, Vol. 20, No. 3, 1968, pp. 454-479.

Kroll, John A., "The Complexity of Interdependence," *International Studies Quarterly*, *Vol.* 37, No. 3, 1993, pp. 321-347.

Kenny, Anthony, *The Logic of Deterrence*, Chicago: University of Chicago Press, 1985.

Knopf, Jeffrey W., "The Fourth Wave in Deterrence Research," *Contemporary Security Policy*, Vol. 31, No. 1, 2010, pp. 1-33.

Kreps, David M. and Robert Wilson, "Reputation and Imperfect Information," *Journal of Economic Theory*, Vol. 27, No. 2, 1982, pp. 253-279.

Kydd, Andrew H. and Roseanne W. McManus, "Threats and Assurances in Crisis Bargaining," *Journal of Conflict Resolution*, Vol. 61, No. 2, 2017, pp. 325-348.

Lupovici, Amir, "The Emerging Fourth Wave of Deterrence Theory: Toward a New Research Agenda," *International Studies Quarterly*, Vol. 54, No. 3, 2010, pp. 705-732.

McCain, Roger A., *Game Theory and Public Policy*, Northampton: Edward Elgar Publishing Limited, 2015.

Merlo, Antonio and Charles Wilson, "A Stochastic Model of Sequential Bargaining with Complete Information," *Econometrica*, Vol. 63, No. 2, 1995, pp. 371-399.

Morgan, Patrick M., *Deterrence: A Conceptual Analysis*, Beverly Hills: Sage Publications, 1977.

Nagel, Rosemarie, "Unravelling in Guessing Games: An Experimental Study," *American Economic Review*, Vol. 85, No. 5, 1995, pp. 1313-1326.

Nash, John F., "The Bargaining Problem," *Econometrica*, Vol. 18, No. 2, 1950, pp. 155-162.

Nash, John F., "Two-person Cooperation Games," *Econometrica*, Vol. 21, No. 1, 1953, pp. 128-140.

Nowak, Martin A., et al., "Emergence of Cooperation and Evolutionary Stability in Finite Populations," *Nature*, Vol. 428, No. 6983, 2004, pp. 646-650.

Rubinstein, Ariel, "Perfect Equilibrium in a Bargaining Model," *Econometrica*, Vol. 50. No. 1, 1982, pp. 97-110.

Schelling, Thomas C., *The Strategy of Conflict*, Cambridge, MA: Harvard University Press, 1980.

Schelling, Thomas C., *Arms and Influence*, New Haven and London: Yale University Press, 2008

Selten, Reinhard, "Reexamination of the perfectness concept for equilibrium points in extensive games," *International Journal of Game Theory*, Vol. 4, No. 1, 1975, pp. 25-55.

Smith, J. Maynard and G. R. Price, "The Logic of Animal Conflict," *Nature*, Vol. 246, No. 5427, 1973, pp. 15-21.

Stigler, George J., "Economics or ethics?" in Sterling McMurrin, eds., *Tanner Lecture on Human Values*, Cambridge, UK: Cambridge University Press, 1981, p. 176.

Van Huyck, John B. et al., "Tacit Coordination Games, Strategic Uncertainty, and Coordination Failure," *The American Economic Review*, Vol. 80, No. 1, 1990, pp. 234-248.

Van Huyck, John B., et al., "On the Origin of Convention: Evidence from Coordination Games," *The Economic Journal*, Vol. 107, No. 442, 1997, pp. 576-596.

Zagare, Frank C. and D. Marc Kilgour, *Perfect Deterrence*, Cambridge, UK: Cambridge University Press, 2000.

Zagare, Frank C. and D. Marc Kilgour, "Alignment Patterns, Crisis Bargaining, and Extended Deterrence: A Game-Theoretic Analysis," *International Studies Quarterly*, Vol. 47, No. 4, 2003, pp. 587-615.

后　记

随着中国经济的不断发展，中国的综合国力与日俱增，中美关系近年来日趋紧张。笔者长期从事博弈论方面的教学和研究工作，自然会从博弈论的角度思考中美关系，尤其是关于威慑、胁迫及谈判等方面的问题。事实上，威慑、胁迫及谈判现象并不限于国际关系领域，它们是人类社会普遍存在的现象，具有重要的研究价值。博弈论恰好为这些问题的研究提供了一种合适的方法。笔者写作本书的目的在于初步梳理前人的研究，同时也希望取得一些新的进展。

回想起来，本人首次接触博弈论，还是二十多年前在北大光华管理学院读研究生期间。印象中大约是 1995 年春季，张维迎老师留学归国不久。张老师在三教做了一次关于博弈论的讲座，现场座无虚席，同学们耳目一新。1998 年秋季，张维迎老师给我们 98 级博士生讲授“高级微观经济学”课程，用半个学期较为系统地讲授了博弈论的基本内容，所用教材就是张老师的《博弈论与信息经济学》。

2005 年，本人在北大政府管理学院受命为公共政策专业本科生主讲“博弈论与政策科学”课程，彼时心里忐忑不安。一方面，我掌握的博弈论知识也很有限，更没有采用博弈论方法做过研究。另一方面，博弈论的思维方式不同于其他课程的，很多人短时间难以掌握。我本科攻读理工科，研究生阶段改行经济学之后，一直做计量经济学模型。到政府管理学院任教后，先后主讲统计学和计量经济学方面的课程，这些课程内容是我熟悉和擅长的领域，其思维方式与初等数学、高等数学的思维方式类似，学生容易理解，教师也容易教。而博弈论则不同，由于博弈问题是多主体交互决策问题，博弈分析要求“从理性共识出发推导出均衡策略组合”，这个过程需要参与者反复换位思考；在不完全信息博弈中，更精巧的均衡思想还要求参与者的策略与信念互相支撑，思维就更加复杂。对于学生来说，大概可以这样评价博弈论——有趣、有料又有挑战性。

为了透彻掌握博弈论，我主要深入学习了两本经典教材——罗杰·迈尔森的《博弈论：矛盾冲突分析》，以及朱·弗登伯格和让·梯若尔的《博弈论》。这两本教材用严谨的数学语言准确地阐释了博弈论中的各种概念和思想，都不愧为大师力作。尤其是前一本教材，罗杰·迈尔森教授不仅用集合论的语言精准阐释博弈论，而且将自己深入独到的思考娓娓道来，字里行间闪烁着思想的光芒。

正所谓“教学相长”，经过多年的摸索，我讲授博弈论课程才达到深入浅出、得心应手的程度。2008 年开始，我为 MPA 学生主讲“博弈论与公共政策”课程；2015 年开始，为全校本科生开设“博弈论”公选课。这些课程都获得了学生的广泛好评，我也因此荣获北京大学教学优秀奖。目前，我正着手准备开设“博弈论”慕课，不仅便于今后开展混合式教学，也为有兴趣学习博弈论的社会公众提供一个开放式课堂。

不过，讲课是一回事，研究则又是另一回事。博弈论和计量经济学是我长期讲授并使用的两种方法，前者用于理论研究，后者用于实证研究。这两种方法都有些高级专题相当复杂，涉及比较高深的数学知识。但是，就应用于研究而言，计量经济学容易上手得多，因为计量经济学方法都已开发成软件包，研究者只需要找到合适的问题并获得必要的数据，就可以利用软件包按部就班地估计、校验模型了。博弈论则完全不一样。用经典博弈论做研究，创新性体现在理论模型构建上，前人构建的模型只可借鉴而不能套用，这就困难得多。从某种意义上讲，计量经济学方法的使用者如同摄影师，博弈论的使用者如同画家。即使掌握了绘画的技法，如果缺乏想象力和灵感，画家也不可能创作出一幅杰出的作品。博弈论的使用者亦然。由于本人水平有限，加之成稿仓促，书中难免存在不足甚至错误之处，欢迎读者批评指正，本人的电子邮箱为 liulin@ pku. edu. cn。

本书的出版得到了北京大学出版社社会科学编辑室的支持和帮助，感谢责任编辑王颖非常仔细地审核了书稿，她耐心细致的工作让人油然而生敬意。本书的出版得到了北京大学政府管理学院学术出版资助，我对学院的关心和支持深表感谢。

刘　霖

2021 年 4 月于北京大学